〈水俣病〉事件の61年

未解明の現実を見すえて

Togashi Sadao
富樫貞夫

◉弦書房

装丁＝毛利一枝

〈カバー装画〉
東弘治「帰郷2016」
（エッチング、48・5×30・5cm）

目次

第Ⅱ部 未解明の〈水俣病〉事件

まえがき

〈水俣病〉の発生が公式に確認されてから今年で六一年目を迎えた。この機会に、〈水俣病〉事件のいったい何が明らかになり、何が未解明のままになっているかをきちんと確認する作業が必要だが、こうした作業は、これまでほとんど行われていない。私はこの五十年近く一人の研究者としてこの事件に取り組んできた。そういう私自身にとっても、これは避けては通れない課題である。

〈水俣病〉に関する諸問題のうち、これまでに明らかになったことは全体のごく一部にすぎない。その大半は未解明のままである。〈水俣病〉研究のなかできわめて重要な位置を占めてきた医学研究の分野をみても、その成果の少なさにあらためて驚かざるをえない。チッソ水俣工場の排水とともに海に流出したメチル水銀がどこまで広がり、また、汚染はいつまで続いたのか。こんな基本的な事実すら正確には明らかではないのだ。メチル水銀に汚染された魚は水俣湾や不知火海（八代海）の沿岸部だけではなく、内陸部を含む広い範囲に流通したが、そうした魚を介した健康被害の全容も不明のままである。

地球上に広がる水銀汚染は、地球温暖化とともに現代の大きな環境問題のひとつである。その主な発生源は石炭火力発電と金採掘にともなう大気汚染だが、いったん大気中に放出された無機水銀は地上に降下したあと、その一部がメチル化して魚介類に蓄積することが判明している。その結果、今後も〈水俣病〉同様のメチル水銀中毒が発生する可能性があり、〈水俣病〉は決して過去の問題ではないことも知っておく必要がある。

ここに収録した私の報告は、二〇一五年一一月から翌年三月まで「〈水俣病〉研究六〇年の歩みとその評価」と題して四回にわたって話したものである。私もその一員である熊本大学学術資料調査研究推進室〈水俣病部門〉主催の公開セミナーの一環として話をする機会を与えられた。セミナー参加者のほとんどは学内外の研究者と報道関係者で、報告の後、毎回熱心な質疑応答と意見の交換が行われた。

なお、この報告の内容を補完するために同じ推進室主催の講演1つと論文2編を収録した。見舞金契約等の参考資料とともに利用していただければありがたい。

本書では、熊本大学医学部水俣病研究班のようにすでに固有名詞となっている場合を除き、水俣病を一貫して〈水俣病〉と表示した。いわゆる水俣病というほどの意味である。〈水俣病〉という病名は、事件史上いつの間にか使われ出した病名であり、きちんとした定義もなく、医学上確立した概念とはいえない。国際的には、〈水俣病〉は「メチル水銀中毒」の一つとみなされている。

なぜこのような表示にしたのか。

〈水俣病〉の語は、工場排水中のメチル水銀によって起きた健康被害を余すところなく表現するには狭すぎるのだ。これまで〈水俣病〉の語は、認定制度によって認定された〈水俣病〉とほとんど同義の語として使われてきた。現行の認定基準である「判断条件」によれば、感覚障害のほかに運動失調〈運動機能障害〉など複数の症状がなければ〈水俣病〉とはみなされない。その結果、症状としては感覚障害しか認められないケースはこれまでほとんど認定されていない。

メチル水銀中毒による健康被害は、このようなケースを含めて被害の程度が多様であるだけでなく、同じ家族内でも個体差がみられ、メチル水銀に曝露したあと、一定の期間を経て被害が顕在化する場合もある。また、重症の胎児性水俣病だけでなく、毛髪水銀値が一〇ppm程度の母親から生まれる子どもにも種々の障害が確認されている。こうした層まで含めるならば、水俣湾と不知火海沿岸に限ってみても膨大な数の健康被害者が存在する可能性があるが、その実態はいぜんとして未解明のままである。広範な発生地域の一部を強調する〈水俣病〉の病名は、いわゆる指定地域外で発生したメチル水銀中毒を見逃す一因となるだけではなく、世界各地で起こる多様なメチル水銀中毒と比較検討する場合にも研究上障碍となる可能性が大きい。また、水俣の地名を冠した病名は、これまで水俣出身者について種々の偏見、差別を生み出す社会的要因となったことも見逃してはならない。

このように、〈水俣病〉の語は、工場排水中のメチル水銀による広範な海の汚染とそこに生息する汚染魚介類を介した多様な健康被害を表現する概念としては適切なものとはいえない。「水俣」の地名を外して、工場排水によるメチル水銀中毒と定義すれば十分である。「新潟水俣病」についても同様である。そもそも「水俣」と「新潟」という二重の地名を冠した病名は奇異としかいいようがないであろう。

今後、〈水俣病〉事件の全容はどこまで解明されるのだろうか。政府は、「調査手法の開発研究中」とくりかえすだけである（特措法三七条参照）。具体的な調査目的とその実施計画を棚上げした調査手法の研究などはほとんど無意味であり、なにもしないことの口実として使われているといってよい。国、県にもはや実態解明の意思がないとすれば、残るのはそれ以外の研究者や研究組織による取り組みであり、それに期待するほかない。認定・補償の問題以外にも、研究対象としての〈水俣病〉事件はきわめて多面的で魅力あるテーマであり、今後とも持続的な研究を期待したいと思う。

第Ⅰ部　〈水俣病〉研究六〇年の評価と今後の課題

一　水俣病研究会の足跡

ご承知のように、一九五六年の〈水俣病〉発生の公式確認から来年（二〇一六年）五月には六〇年という、非常に大きな区切りの年を迎えます。〈水俣病〉研究史も同じ長さになりますので、この機会に〈水俣病〉研究の六〇年をふり返って、何が問題なのか、本来何をなすべきであったのかというようなことを考えてみたいというのが、このセミナーの趣旨です。

今日は問題への導入部を兼ねまして、一九六九年の「水俣病研究会」の発足から判決、判決後の交渉をへて補償協定書が成立するあたりまでを中心にしながら、研究会の活動を中心にお話しようと思います。二回目と三回目を使いまして、焦点を医学研究史にしぼり、形としては医学研究史も六〇年続いてきたことになりますので、それがいったいどういうものであったのか、今日の視点からみて非常に大きな問題があると思いますので、そのへんを二回に分けてお話したいと思います。医学研究史については、私自身は専門でもないし、これまで論文などにも書いてきていないので、はじめて話す内容が多くなるかと思いますが、一つの問題提起として聞いていただければありがたいと思います。最後の四回目は全体のまとめということで、いまわれわれは、〈水俣病〉研究六〇年を経てどういう地点に立っているのか、将来に向けてどういう課題をかかえているのかというあたりを話してみたいと思っています。

今日は一回目ですので、ほとんどの方がこれからお話する内容についてはご存知かと思いますが、復習の意味もふくめてもう一度丁寧にふり返っておきたいと思います。タイトルは、「水俣病研究会の活動から見えてきたもの」としてあります。私自身が〈水俣病〉と出会うきっかけとなったのは、水俣病研究会の結成に参加したことでありまして、それは一九六九年九月のことです。それから研究会の活動を続け、今年で足かけ四七年になります。メンバーは原田正純さんを含めて何人も亡くなりまして、実にさびしいかぎりですが、新しいメンバーも加わり、いまもだいたい月一回の定例の研究会をつづけております。検討すべき課題はいっぱいかかえていますが、なんとか一歩ずつでも取り組んでいきたいと考えています。

1 水俣病研究会の歩みを振り返って

（1）発足の経緯とメンバーの〈水俣病〉認識

水俣病研究会が結成された目的は、〈水俣病〉第一次訴訟——その当時は最初の訴訟でありまして、第一次とか第二次という名称はなくて、一般に「水俣病裁判」とか「水俣病訴訟」と言われていました。あとでも申し上げますが、どうしても理論的な支援が必要だということで呼びかけを受けまして、これに参加したのが一九六九年九月はじめのことです。

「水俣病患者家庭互助会」という団体が、当時としてはただ一つの患者団体だったのですが、それが一任派と訴訟派に分裂して、三分の二の人たちが一任派、残り三分の一の人たちが訴訟派という形で分裂していくわけです。訴訟派は、世帯数でいうと二八世帯でしたが、患者家族が〈水俣病〉事件の歴史の中ではじめて訴訟をおこしたのが第一次訴訟です。それは一九六九年六月のことでした。のちに訴訟派となった人たちは、追いつめられて訴訟をおこす以外にとるべき手段はないというところまでいくわけですが、訴訟を提起したあとで、はたしてこの訴訟は勝てるのだろうかということが、改めて大きな問題になってきました。

あとから申し上げますが、この訴訟は、法律的には「不法行為による損害賠償請求」の訴えでありまして、被害者が加害者の過失責任を問う形の訴訟です。ですから、この訴訟の最大の争点は「過失論」でありまして、〈水俣病〉をひき起こし多大な被害を与えたチッソに、はたして法律上の過失責任があるのかどうかが最大の争点になったわけです。ところが、追いつめられて訴訟を起こしたものの、改めてこの訴訟は勝てるのかどうか、はたして患者が望むような判決が得られるのかどうかということが、すぐに問題になりました。このままではほぼ一〇〇％敗訴になるのではないかという、最悪の見通しさえ出てくるわけです。そこで、宇井純さんにお願いして、東京在住の高名な民法学者数人を訪ねていただいて、争点である「過失論」について専門家の意見をうかがい、その内容を水俣へ送ってもらったところ、訪ねた法律学者すべてが、「敗訴まちがいなし」と。それほどチッソの過失責任を問うことはむつかしいという話でありまして、訴訟は起こしたもののこの難問をどう乗り越えるかという大きな困難にぶつかったのです。

現地では、訴訟派を支援するために「水俣病市民会議」という支援組織がすでに発足していまして、そこから「水俣病を告発する会」を通じて熊本大学の専門家に相談がきました。その結果、いろいろな専門分野の人たちに声をかけて、とにかく水俣病研究会を発足させ、その研究会でなんとか〈水俣病〉訴訟の理論的な裏づけを考えてもらおうということになっていくわけです。私のところに打診が来ましたのは一九六九年八月でありまして、一人ではとても引き受けられない話でしたが、いろいろな分野の人たちと共同で研究するという趣旨でしたので、それならできるだけ協力しましょうということで、参加したわけです。

発足当時のメンバーは二〇人ぐらいおりまして、その中でそれまでに〈水俣病〉の専門家としての実績のある方は、医学関係では原田正純さん、それから二塚信さん——原田さんが神経精神科の講師、二塚さんは公衆衛生学の助手でした——それから東京大学助手の宇井純さん。この時点では、原田さんが胎児性〈水俣病〉についてしっかりした調査研究をやっていました。二塚さんは、公衆衛生学の助教授になってから、患者多発地区の実態調査に取り組まれるようになるわけですが、当時医学の専門家として〈水俣病〉について専門的な知識を持っておられました。宇井さんは、みなさんご存知だと思いますが、東大工学部の助手の立場で水俣に通い、調査していました。当時東京から水俣まではけっこう長い旅でありましてお金もかかるわけですが、そのためにアルバイトで資金をつくり水俣に通うという形で調査をつづけてこられた人です。その調査レポートは、「月刊合化」という合化労連の機関紙に連載しており、のちに「水俣病を告発する会」から分厚い一冊の本として出しました。ですから当時、〈水俣病〉の専門家といえるのは原田さんと宇井さんの二人ぐらいでありまして、私を含めて残りの者はほとんどゼロからの出発でした。

法律学の専門家は、当初数名参加していましたが、二、三回研究会にでた段階でやめてしまいまして、最後に残ったのは私だけになりました。社会学の方は丸山定巳さんが参加しました。それから、水俣病市民会議の中に裁判班という組織ができていまして、そのメンバーは主に新日窒労組（新日本窒素労働組合）の組合員がなっておりましたが、その中心が、『聞書水俣民衆史』（一九八九―九〇）、『水俣病の民衆史』(二〇一五)を出した岡本達明さんです。現地でこの裁判に責任を負うメンバーは、そういう工場内部の人たちであったわけです。また、水俣病を告発する会からは、ぜひ参加したいというメンバーが参加しました。こうして発足時のメンバーは、合計二〇人ぐらいだったと思います。石牟礼道子さんも水俣病市民会議のメンバーとして、最初のころは熱心に参加しておられました。有馬澄雄君とわたしは発足当初からのメンバーとして、現在も活動をつづけております。

以上が研究会発足時の顔ぶれでしたから、原田、宇井の二人をのぞいて、ほとんどがゼロからの出発という状態だったといってよいと思います。わたし自身も、研究会に参加して後からわかったことですが、ほとんど何も知らないといってよい状態でした。

(2)〈水俣病〉の定義がない

研究会を始めて、まず宇井さんからこれまでの事件調査の経過をお話いただき、原田さんからは熊大の「水俣病研究班」(熊本大学医学部水俣病研究班)を中心とした、これまでの医学研究の経過などをお話いただきました。文字通り一からの出発だったわけです。

最初に問題になりましたのは、原田さんのお話を聞いたり、当時すでに水俣病研究班の調査レポートが通称「赤本」(『水俣病—有機水銀中毒に関する研究』一九六六)という形でまとめられておりまして、それも手に入れてくり返し読ませていただきましたが、どこにも〈水俣病〉の定義が書いてないのです。これには驚きました。これから〈水俣病〉の研究をするというのに、肝心の〈水俣病〉のコンセプトが何かが全然はっきりしないわけです。これは研究会をはじめて真っ先に問題になりました。とにかく〈水俣病〉の唯一の医学専門家ともいうべき原田さんに、なんとしてでも定義づけをしてもらいたい、そうしないと議論がはじまらないということで、ずいぶん激しいやりとりがありました。原田さんは、この研究会のレポート(『水俣病にたいする企業の責任―チッソの不法行為』一九七〇)で一応の定義づけはしておられますが、おそらく現時点でも、〈水俣病〉とは何かについての厳密な定義は存在しないのではないかと思います。

ついでにお話しておきますが、国際的には〈水俣病〉は医学用語ないしは医学上の概念としては認められていないのです。国際連合の機関であるWHOでは、こういう説明をしておりました。医学的には「メチル水銀中毒」という言葉しかなく、日本で一般に使われている〈水俣病〉という言葉は、医学上の概念ではなく社会的な概念として受けとめている――そういうふうに説明しております。メチル水銀中毒というのは、ハンター・ラッセルの事例や、かなり大きな被害を与えた事件としてはイラクの事件などいろいろありまして、それらはすべて医学的にはメチル水銀中毒としてとらえられていまして、その一つが〈水俣病〉ということです。だから、〈水俣病〉という言葉自体からもわかるように、「日本の主として水俣地方に集中的に発生したメチル水銀中毒」の意味だというのです。要するに発生地域を前面に出した言葉であり、社会的にはそういうものとして受けとめられているということです。

しかし、日本ではその点が非常にあいまいです。少なくとも熊大の医学者たちは、「メチル水銀中毒」という言葉をほとんど使っていません。原田さんの書いたものを読んでも、〈水俣病〉ということでほとんど一貫しているといってよいと思います。その〈水俣病〉は何かということについて、医学論文を読んでも、誰もきちんと定義していないのです。これは大問題だと思います。研究会が発足して真っ先にそういうことが議論の対象になったわけですが、これは医学研究史にもつながっていく問題ですので、二回目、三回目あたりでもう少しくわしく取りあげたいと思います。

（3）「安全性の考え方」から新しい過失論を構築

そういう形で研究会がはじまったわけですが、この〈水俣病〉訴訟の最大の争点は、チッソの過失責任の問題ですので、それをどう理論化していくのかが、研究会にとって最大の課題になっていくわけです。しかも、研究会に法律の専門家と言えるメンバーはわたし一人しかいないわけですから、結局、その難問を私が解決しなければならないという状況に追いこまれていきました。

当時、日本の法律学者の考える過失論はどういうものであったかというと、予見可能性を中心にした過失論が通説とされていました。たとえば、チッソの水俣工場から、かならずしもメチル水銀とは特定できなくとも、有害有毒な物質をたくさん含んだ排水を無処理で海に流した結果、海を汚染し、魚を汚染し、最終的にはその魚を食べた人たちに非常に重篤な病気を発生させるということが前もってわかっていれば、それを避けたり防止したりすることができるわけです。ところが、もし、排水を流せば必ずこういう被害が発生するということが前もってわからなかったとすれば、つまり予見できなかったとすれば、被害も防ぎようがないから、加害者の過失責任を問うことはできない。簡単に言うとこれが予見可能性論です。これが当時、日本の学会を支配していた考え方です。だから、宇井さんが、市民会議のメンバーに頼まれて、東京の何人かの高名な法律学者を訪ねたときにも、そういう説明だったのです。この事件に関してチッソの過失責任を問うことは難しい、だからこの裁判は勝つ見込みがないよ、という見解だったのです。

そのころ偶然に、理論物理学者の武谷三男さん――当時は立教大学理学部の教授をしておられたと思いますが、日本を代表する原子物理学者であります――その武谷さんの「安全性の考え方」に偶然接しまして、そこから非常に大きなヒントを与えられました。武谷さんの「安全性の考え方」が出てきたキッカケは、大気中の核実験です。当時は大気中の核実験がさかんに行われておりまして、それをめぐって核実験の安全性ということが国際的に大きな問題になっていた時期でした。ビキニの第五福竜丸の事件などはご存知だと思いますが、大気中の核実験によっていろいろな被害があとから出てきます。当時大気中の核実験が許されるかどうかについては、専門家の見解は二つに分かれておりました。さかんに核実験を行っていたアメリカ側の専門家たちは、核実験は許されるという許容論で、その論拠になっていたのは、核実験によって放射性物質を大気中にばらまいても、まだ健康被害はどこにも発生していないということでした。健康被害が明らかになれば、その時点で止めればよいのであって、現時点ではそういう被害は報告されていないから核実験は許されるというのが、主としてアメリカの核実験推進派の見解でした。

それに対して、被爆経験を持つ日本の原子物理学者として、武谷さんたちは真っ向から批判をしていました。武谷さんたちの考え方は、「許容論」そのものが根本的にまちがっているというものです。いま直ちに人間に健康被害が出ていないから核実験は許されるというのはとんでもない間違いであって、かりに五年後、一〇年後に核物質の汚染によって被害が出てきた場合には、もはや取りかえしがつかない、その時に核実験をやめても手遅れだ、という考え方です。だから、少しでも被害を与えるリスクがあるかぎりは核実験をやってはならない、むしろ、五年後、一〇年後、あるいは二〇年後、三〇年後というスパンで考えてもなおかつ無害であるということを証明できないかぎり、大気中の核実験は絶対にやるべきではない。それを武谷さんたちは、「安全性の考え方」としていたのです。

当時、武谷さんたちは「予防原則」という言葉は使っていませんが、その後、地球環境問題が非常に大きな問題になってきて、予防原則ということがさかんに強調されるようになりました。現在、国際連合の環境問題をあつかう部門で基本となっている考え方が予防原則です。これは武谷さんの「安全性の考え方」と同じでありまして、どんどん環境を破壊し、最終的に人間に被害がおよぶ段階ではもう手遅れだということです。これは〈水俣病〉の経過を見れば納得していただけると思います。もうその段階で元に戻すことは不可能な状態です。被害が現実化する前に、いかに対策を講じてそれを予防するかが重要だというのが、予防原則の考え方であります。このあいだ成立しました、国連の水銀条約（水銀に関する水俣条約二〇一三）も、基本的にそういう考え方に立って作られています。

武谷さんの「安全性の考え方」にヒントをえて、〈水俣病〉事件の過失は危険な化学工場を運営するチッソに課せられた安全確保義務違反という形でとらえるべきだというのが、私が出した新しい「過失論」です。それを具体化するために、アメリカの排水処理の考え方なども参考にしました。

（4） チッソの排水処理の実態とその主張

そういう「安全性の考え方」にたって、改めて水俣工場の排水処理を見てみると、原料・触媒を含めてきわめて有毒な物質を常時利用していますし、それを反応させて製品を作っているわけですから、そういう工程から出てくる排水には、当然、さまざまな有害有毒物質が混じっているわけです。ですから、チッソ水俣工場のような有機合成化学工場においては、環境を保全し、周辺に住む住民の健康を守るためには、排水分析がイの一番に必要なことです。ところがチッソは、アセトアルデヒドの工場を昭和のはじめから操業していますが、一回も排水分析をやっていません。これはチッソ自体が認めています。最初に出てくる排水分析のデータは、〈水俣病〉が発生した後です。しかも、その分析データに水銀が出てこないという信じがたいデータです。いずれにしても、たくさんの患者が発生するという状況になってはじめて、チッソは排水分析をしているわけです。そして、その段階になってようやく、工場全体としての排水処理計画を立てるわけです。

分析してみて、あえて毒性の強い物質を海に流すということになれば、当然、環境を破壊していくわけです。したがって、それを常時監視しながら汚染状況を把握し、その結果にもとづいて排水処理を改善する、場合によっては排水を停止するという対策を講じるべきです。ところが、そういうことを何もやっていない。完全なたれ流しですね。そういうチッソの排水処理は、われわれが考えた「安全確保義務」に真っ向から反していると言わざるをえない。チッソが「安全性の考え方」に立って安全確保義務をきちんと果たしていれば、海は汚染されず、魚も汚染されないし、結果として〈水俣病〉は防止できたはずなのです。

〈水俣病〉が発生したことが、公式に確認されたのは一九五六年五月のことであり、県の依頼を受けて熊大医学部に研究班ができて調査に乗りだし、三年後の一九五九年七月に、いわゆる「有機水銀説」が出てくるわけです。有機水銀という言葉を使ってはいますが、一九五九年七月の段階で患者はもちろん、魚からもメチル水銀は全然確認できていないのです。ただ、外国の文献からそうに違いないと想定しているだけで、それを実証してはいない。だから、最初に「有機水銀説」を発表したときには、「ある種の有機水銀化合物」という言い方をしています。最終的には原因物質は塩化メチル水銀ということになるわけですが、チッソのアセトアルデヒドの製造工程で塩化メチル水銀が生成し、それが排水にまじって海に出ていったことが証明されるのは、一九六二年ぐらいです。これは熊大医学部の衛生学教室が、たまたまチッソの反応塔にくっついた物質を手に入れたのです。それを衛生学教室――入鹿山且朗先生が教授だったので入鹿山教室とも呼びますが――それがいつ誰からどういうふうにして入手したかが一切明らかではないし、入鹿山教授も公表していません。実際に分析に当たった当時の助手の話によりますと、ある日、研究室に出勤してみたら瓶が二本置いてあって、入鹿山教授から何の説明もなしに「これを分析しろ」と命じられて、分析したら塩化メチル水銀が出てきたという話です。それを入鹿山教授は論文にして発表したのが一九六二年です。

裁判の話にもどって、訴訟ではチッソがどういう主張をしていたかというと、アセトアルデヒドの製造工程で塩化メチル水銀が副生することは文献にも書いてないし、自分たちはまったく知らなかった。そういうものがたまたま排水に混じって、水俣湾からさらに不知火海へと拡がり、その結果、魚を汚染し、その魚を食べた漁民その他の人たちに、のちに〈水俣病〉といわれるような重大な被害を与えるということは、チッソ自身が一九六一、二年ごろにようやく知ったことであって、事前にはまったく知らなかった、というのがチッソの主張なのです。ですから、さきほど話しました、大気中の核実験の容認派が言っていたこととまったく同じです。具体的な被害が出てはじめて自分たちも知ったことで、それまではまったく知らなかった、だから過失はないというのです。

われわれが出した、新しい過失の考え方をはたして裁判所が受け入れてくれるか、最初はまったく見通しはなかったのですが、とにかくこれしかないということで訴訟の方針が決まっていくわけです。一九六九年九月のはじめに研究会が発足して、ゼロから調査研究をはじめたわけですが、土日はもちろん、春休み、夏休みのほとんどを研究会に費やし、何回も合宿をしました。当時、われわれは三〇代半ばで、まだ体力があったからやれたと思います。訴訟はすでにはじまっているわけです。そうすると、裁判所は、機械的に口頭弁論の期日を入れていくわけですから、待ったなしです。チッソからは次つぎと準備書面が出るけれど、原告側はなかなか出せないわけです。肝心の過失論が固まっていないから。

裁判所から、いつまでに過失論に関する主張を出してくれますかと。そういう裁判の日程をにらみながらの研究会ですから、大学内の普通の研究会とはまったく状況がちがいました。

ちょうど一年かけて過失論を中心にしたわれわれの調査報告を、『水俣病にたいする企業の責任――チッソの不法行為』という研究報告にまとめました。これは告発する会に出版してもらったわけですが、全部で三八五ページあります。ゼロからはじめて、ちょうど一年でこのレポートの内容をつめてきたわけですから、いま考えるとよくやったなという感じです。普通の大学の研究者のペースでやったら、到底一年でこんなレポートが書けるわけがないです。何年もかかります。それは進行中の裁判日程に追われたという状況があったからこそ、やらざるを得なかったし、やれた仕事だったと思います。これが第一次訴訟の核となる理論になっていくわけでして、あとは立証を通してこれをいかに肉付けして裁判所を説得していくかということでした。

2 〈水俣病〉事件史の視点

われわれが水俣病研究会を結成して、いま述べたような調査研究に取り組んでいた時期というのは、六〇年におよぶ〈水俣病〉事件史の中でどういう時期だったのかを見ておきたいと思います。大きく二つに時期を分けて見ていく必要があると思います。

第一期　公式確認から見舞金契約まで

一九五六年五月、水俣地方に原因不明の重篤な疾患が発生していることを、当時のチッソ水俣工場附属病院の院長から保健所に届け出がなされた。これが〈水俣病〉発生の公式確認とされています。当時は「奇病」という言葉が使われていましたが、原因はまったくわからない。原因がわからなければ対策の立てようもないというので、熊本県知事からの要請で熊大医学部に「水俣病研究班」が組織され、この研究班を中心にして〈水俣病〉の原因調査が開始されるわけです。

いろいろな試行錯誤を重ねた末に、一九五九年七月に熊大は「有機水銀説」を発表しました。あとで検討しますが、これ自体、大変問題のある見解でした。熊本県衛生部と厚生省はその後、これに基づいて対策を講じていくことになります。他方、通産省と、チッソも加入している業界団体の日化協〈日本化学工業協会〉は、熊大の有機水銀説に真っ向から反論しました。当時の有機水銀説自体は、十分なデータできちんと証明するところまでいっていなかったわけで、「ある種の有機水銀」という言い方をしていました。

有機水銀説が発表された一九五九年七月から一二月の間に、〈水俣病〉事件はたいへん大きな社会的事件になっていきます。最終的には、一九五九年一二月時点において、〈水俣病〉の原因はまだ確定していない、原因不明の状態だ、というふうに世論が形成されていきます。その中心になったのはチッソと通産省です。そして、原因不明という前提で、チッソは患者に対して見舞金を出す、誰が患者かは「水俣病患者診査協議会」〈一九五九〉で判定してもらう、ということで「見舞金契約」が結ばれるわけです。見舞金契約の成立過程自体も大きな問題点ですが、詳しいことは省略します。

チッソは、原因がまだ不確定だから損害賠償の義務はない、しかし、同じ地域に原因不明の病気が多発して、地域の人たちが苦しんでいる状況に関して同情を禁じえない、だから見舞金を差し上げたいというのが契約の表向きの内容です。大人の患者には一〇万円、子どもに対しては三万円ということで、一種の年金形式で見舞金を出す。その代わり患者側は、将来、〈水俣病〉の原因がチッソにあるということが明らかになった場合にも、加害者チッソに対して損害賠償請求しないというのです。だから、この段階で将来取得するかもしれない損害賠償請求権をあらかじめ放棄させられているわけです。

あとから調査してわかったのですが、当時、唯一の患者団体であった「水俣病患者家庭互助会」は、地域の中で完全に孤立していたのです。会員全部漁民家族であり、法律知識のある人は一人もいない。弁護士に相談することもしていない。だから、この見舞金契約は、県知事からの調停案という形で示されるわけですが、そこに書いてあることはほとんどわからなかった。五カ条からなる見舞金契約で、その四条、五条は非常に重大な内容ですが、全然理解していなかったのです。関心はもっぱら金額ですね。患者家庭互助会が終始主張していたのは、大人の患者の年額一〇万円の見舞金に対して子どもが三万円というのはあまりに安すぎる、これをもっと上げてくれという、ただその一点だけなのです。ところが、チッソのほうは巧妙に権利放棄条項などを滑りこませて、年末ぎりぎりの一二月三〇日に妥結、調印ということになりました。

当時、チッソはもちろん、通産省、日化協も、これで社会的事件としての〈水俣病〉問題は解決したと判断しました。五九年の有機水銀説の発表から見舞金契約締結調印まで、初めて国会調査団が来たり、漁民団体が工場になだれ込んだり、いろいろな事件が起きていまして、連日、マスコミに大きく報道されていますが、見舞金契約が調印された後、一九六〇年以降、地元紙の熊日(熊本日日新聞)を含めてほとんど記事が出なくなりました。社会的にも、これで一件落着という受け取り方をされたことは明らかです。ところがチッソは、その後も抜本的な排水対策をしないまま、アセトアルデヒドなどの生産を続けていきます。見舞金契約という形で、社会的事件としての〈水俣病〉は処理されていくわけですが、肝心のメチル水銀は相変わらず無処理のまま流しつづけていくというのが当時の実態でした。しかし、当時、これで〈水俣病〉事件は完全に解決済みというふうに見られたのです。患者側も不満を残しながらもそういう受け取り方をしていました。

第二期　新潟〈水俣病〉の発生から政府見解まで

一九六五年に新潟で第二の〈水俣病〉が発生しました。チッソと同じ製造工程でアセトアルデヒドを生産していた昭和電工の鹿瀬工場でも、チッソと同じようにメチル水銀を含む排水を無処理で阿賀野川に流しつづけていたのです。阿賀野川の沿岸住民は川魚に依存した食生活をしていたので、魚を通して昭和電工が流したメチル水銀を体内に取り込んでいました。前の年に第一号患者が新潟大学医学部に連れてこられ、それが新潟〈水俣病〉事件のはじまりです。新潟大学医学部を中心に調査がはじまり、その結果、熊本、鹿児島両県に発生した有機水銀中毒とまったく同じ病気であることがわかり、それから大騒ぎになりました。

その二年後、新潟県を中心とした調査団や厚生省を中心とした調査団が結成されて、さまざまな調査が行われます。新潟の被害者たちは一九六七年に、のちに「四大公害訴訟」と言われるものの最初の訴訟を起こしました。これが新潟〈水俣病〉訴訟です。当時はまだ、昭和電工は原因者であることを認めていない。政府の内部では、通産省が昭和電工が原因者であることを否定し、厚生省は明らかに昭和電工が原因者である可能性がきわめて高いという、対立が生まれてくるわけです。こうして、原因があいまいなまま経過していくのです。熊本の〈水俣病〉の経験をふまえて、これではいかん、なんとしてでも裁判を起こして、昭和電工が原因者であることをはっきりさせなければいけないというので訴訟を決意したのです。原告の数は、最初は少数でしたが、二次、三次で少しずつ増えていきます。これが足尾鉱毒事件以来、日本の公害被害者が裁判に打ってでた最初のケースです。その意味で、新潟〈水俣病〉訴訟は歴史的に大きな意味をもつ裁判だといってよいと思います。

新潟で訴訟を起こした被害者たちが熊本の〈水俣病〉患者に呼びかけて、政府はまだ〈水俣病〉の原因について何も言っていないので、とにかく政府の責任において〈水俣病〉の原因はチッソあるいは昭和電工の工場排水にあるということを明確にしなければ、裁判にも悪影響をおよぼすということで、新潟から問題提起して熊本も合流して政府見解を引き出す運動をはじめるわけです。水俣の場合は、訴訟派の患者・家族が中心ですが、それを水俣病市民会議がバックアップする形で、〈水俣病〉の原因に関する公式見解の発表を政府に迫りました。

その運動の結果として、一九六八年九月二六日、「水俣病の原因に関する政府見解」が出されます。この後、「政府による公害認定」というふうにマスコミで言われるようになります。そして、この前後から新聞・テレビの報道もどっと増えてきまして、政府もいやいやながら公式見解を出さざるを得なくなりました。これが状況を大きく変えます。政府見解がなければ、〈水俣病〉第一次訴訟はあり得なかったかもしれない。だから、一九五六年五月の公式確認からはじまる〈水俣病〉事件史の中で、ここは大きな転換点になります。

そういう状況の中で、前半で話しました訴訟が起こり、水俣病研究会が発足して、われわれが〈水俣病〉問題にとり組むようになるという経過になります。これは、大学の研究室で自分の専門分野について文献資料を分析して、こつこつと論文を書いて発表するという仕事とは、まったく異質な仕事でした。社会の激動に巻きこまれながら、調査、研究をしていくということですから。

3　一九七〇年当時の〈水俣病〉患者数

一九六八年の政府見解の発表から、〈水俣病〉事件は新しい段階に入りました。それを示す数字を最後にあげておきます。われわれが作ったレポートには、当時の全患者の名簿をつけてありますが、それを見ると、当時は患者といえば「認定患者」しかいませんが、全部で一二一名（一九七〇年）です。そのなかに胎児性患者二三名も含まれています。いま振りかえると、これがどれほど小さい数字であるかということに驚かされます。比較の意味で今年（二〇一五年）の数字を出しておきましたが、熊本・鹿児島両県の現在の認定患者は約二三〇〇名です。一九七〇年当時の一二一名と比較して見ていただきたいと思いますが、ものすごい増え方ですね。

そのほか、〈水俣病〉と認定はされていないけれど、チッソが流したメチル水銀の影響を受けて、なんらかの症状を持っている人たちが救済の対象になっています。この人たちは、認定申請してもみんな棄却されています。棄却されているけれど、メチル水銀の影響が否定できないため救済対象になっている人たちです。これが現在七万三〇〇〇名に達しています。これは、一九九五年の政府解決策で救済対象になった人たちが約一万名と、その後できた「水俣病救済に関する特別措置法」関係で六万三〇〇〇名、合わせて七万三〇〇〇名です。

認定患者と救済対象者を合わせると七万五〇〇〇名余り。これは〈水俣病〉をどう定義するかによって数字が変わってきますが、最近の最高裁判決(二〇一三・四・一六)のように、チッソが流したメチル水銀と被害者の感覚障害との間に因果関係が認められる限り、〈水俣病〉と認定すべきだというのが最高裁の基本的な考え方です。そうなると、現在の認定制度で認定されていないけれどもなんらかの症状があり――感覚障害の人が圧倒的に多いのですが――しかもメチル水銀との因果関係が肯定される人たちは、最高裁の考え方によれば全部〈水俣病〉患者になります。そうすると、認定患者と救済対象者の区別ができなくなってしまう。だから、両者を合計して七万五〇〇〇名余りという、けっこう膨大な患者数になります。

それと比較すると、一九七〇年当時の認定患者一二一名というのが、どれほど少ない数であるかということに改めて驚きます。この変化をもたらしたものが、なんと言っても第一次訴訟の判決です。一九七三年三月二〇日に、原告勝訴の判決を熊本地裁が出しますが、この判決はそのまま確定します。その前後から、膨大な数の認定申請が殺到するわけです。この数字は、その結果なのです。そういう意味でわれわれ研究会が活動した初期の数年間は、六〇年におよぶ〈水俣病〉事件の歴史の中で、まさに激動期といえる時期だったと言ってよいと思います。

4　質疑応答

司会：これからディスカッションを始めたいと思います。せっかくの機会ですから、活発にやりたいと思います。

A：熊日のAと申します。富樫先生たちが構築された理論が具体的に準備書面になっていくのだと思いますが、それはどうやって書面に落としていったのか、そのプロセスについて説明いただけますでしょうか。

富樫：水俣病訴訟弁護団は、結局、これといった過失論を作れなかったのです。提訴後毎月、機械的に口頭弁論期日が入ってくるのでたえず裁判所から尻を叩かれて、早く原告側の過失論をきちんとした形で出しなさいといわれます。訴状に一言、「水俣病の発生に関してはチッソに過失がある」という言葉が出てくるだけで、どういう根拠に基づいてチッソに過失があるのかということは、一切主張していなかったのです。訴状の段階で毒物劇物取締法はあげてありましたが、これは法律的にはまったく見当違いです。毒物劇物取締法というのは、取締法という名称からわかるように、行政権限を発動して毒物劇物を取り締まるというレベルの法律なので、過失論とは全然関係ないのです。だから、何も言っていないにひとしい。ただ、チッソに過失があるから、これだけの損害賠償を支払えという訴えを出しているだけです。

研究会では、詳細な資料を作って討論をします。ある程度過失論の形ができてからは、そういう資料はすべて弁護団に提供していました。最終的には『水俣病にたいする企業の責任――チッソの不法行為』（水俣病研究会一九七〇）の膨大な原稿を作成していくわけですが、原稿を印刷所に入れて、本になるまでに二カ月ぐらいかかったかと思いますけれど、原稿段階でどんどん弁護団に提供していきました。弁護団はそれを受けて、第五準備書面ではじめて、――すでに訴えを提起してから一年以上が経過していましたが――、研究会の見解をふまえた過失論を、はじめて準備書面として出していくのです。

有馬：ちょっと補足すると、先生はおっしゃらなかったけれど、実はこの本の原形ができたのは一九七〇年一月ぐらいじゃなかったですか。

富樫：いや、一月にはまだ原形はできていない。『企業の責任』の発行は八月の末なんです。

有馬：原稿はB４で、このぐらいの厚さの（約一㎝）、それができて、だいたいこの本の原形ができるのだけれど、それを弁護団に渡すのです。そうしたら、第四だったか第五だったか準備書面に、それがほとんどそっくりそのまま出てくる。

富樫：それはちょっと後です。「幻の第四準備書面」とあとから言われるのですが、研究会内部の検討資料として書いたものに、ただ「準備書面」という表紙をくっつけて出すというお粗末なことを、弁護団がやってしまったのです。裁判所がそれを見て呆気にとられて弁護団を呼んで、こんなのは準備書面とは言えないと。それで結局、第四準備書面は撤回するのです。そして、改めて第五準備書面を出し、それが最終的な過失論になっていくわけです。第五準備書面はかなり煮つまってからですね。一月ではまだ煮つまっていない。春ぐらい。三、四月ぐらいにならないと。

B：神経内科医のBと申します。見舞金契約について、以前から気になっていたのですが、これはたしか「公序良俗に反する」ということで無効にされたのですか。公序良俗というのは定義が曖昧なところがあると思いますが、それはどういうふうに展開していったのか。

富樫：第一審判決ですね。判決に具体的内容が書いてありますが、民法九〇条が公序良俗の規定と言われています。判決の言葉を使いますと、チッソが患者側の無知につけ込んで自己に有利な不当な契約を押しつけた、これが公序良俗違反の内容です。実際にそういう経過ですからね。さっき言いましたように、五カ条からなる契約ですが、患者側は法律上ものすごく重大な意味を持つ四条、五条についてはまったく読んでいないに等しいし、読んでもたぶん内容が理解できなかったと思います。見舞金契約の成立過程についてはあとからずいぶん聞き取り調査をしましたが、患者側は四条、五条のことはまったく念頭になかったといいます。最終的には、訴訟を起こしてきちんとした損害賠償請求をしていくことになるわけですが、その権利を見舞金契約であらかじめ放棄させているわけです。しかも、患者側はこれがどういう内容のものかまったく説明を受けていないし、理解もできない状態で調印させているわけです。裁判所は、これは明らかに公序良俗違反で無効だと。

C：一九五九年の見舞金契約は一二月ですね。その何カ月か前に、チッソの実験でネコが発症しているというのは、見舞金契約の前ですよね。そうすると、契約より前に知っていたので、この四条、五条が入ったということになったのですか。

富樫：ネコ四〇〇号の話ですね。熊大が有機水銀説を発表するのが七月でしょう。その直後に、水俣工場附属病院長の細川一医師が単独でネコ実験に取りかかるのです。水銀を含むアセトアルデヒド設備廃水をえさに混ぜて飼育するという実験です。そして、四〇〇号というナンバーをつけられたネコが一〇月にみごとに典型的な〈水俣病〉になるわけです。細川さんはもちろん、工場長や工場幹部に、ネコ四〇〇号がこういう結果になったということを、ただちに報告しています。そして、一匹だけでは足りないから、追加の実験をさせてくれということを申し出る。ところが、絶対にだめだと、実験を禁止されます。しかも、ネコ四〇〇号の実験結果については一切表に出してはならないと厳命される。

そのことを細川さんがきちんとした形で口にするのは、亡くなる直前の一九七〇年七月の臨床尋問なのです。〈水俣病〉第一次訴訟の立証は、まだ過失論が固まらない段階だから、だいぶ遅れるのです。しかし原告側が重要証人と考えていた細川先生は、末期ガンで東京の癌研附属病院に入院中で、年末までもつかどうかわからないという状況でした。証言がとれないまま細川先生が亡くなってしまうと、ネコ四〇〇号の問題は永遠に闇の中ということになる可能性が大きいのです。それを心配して、一次訴訟の立証がはじまる前に、証拠保全手続きを申し立てて臨床尋問を行いました。

民事訴訟における尋問というのは、原告が申し立てた証人尋問の場合は、まず原告側が尋問し、それが終わったら必ず被告側にも尋問の機会を与えなければならない。ところが、先生の病状が相当悪化して弱っていたものですから、癌研附属病院長の判断で合計二時間しか許容できないということで、その枠のなかで主尋問と反対尋問を全部収めなければいけないという、非常に窮屈な尋問になりました。でも、細川先生としては、自分の口からはじめてネコ四〇〇号の実験の経過を証言されたのです。これは、当時の熊本地裁の裁判官に、ものすごく強いインパクトを与えています。

とにかく、たった一例であれ、もし一九五九年一〇月のネコが発症した段階でチッソが公表していたら、おそらくこんなに被害が拡大しないですんだと思います。結局、チッソがアセトアルデヒドの工場の運転を止めるのは一九六八年ですから、それまでメチル水銀は流しっぱなしです。その結果どんどん汚染が拡がり、被害が拡がっていったのですから、もしネコ四〇〇号の実験が終わった直後に公表しておけば、被害者の数はずいぶん違ったと思います。

D：研究会の当初のメンバーで名前があがっている人の中で二塚さんがご存命で、いまは臨水審（臨時水俣病認定審査会）に行っていらっしゃいますが、この方は研究会にはいつぐらいまで……。

富樫：発足当初からのメンバーで、これ（『企業の責任』）をまとめる段階まで約一年間一緒に活動しました。その後、研究会から離れていかれました。

D：被害者とはは逆の側……。

富樫：そうです。われわれとは異なる方向に進まれたように思います。

D：当初の思いと何がちがったのだと思いますか。

富樫：これは次回の医学の問題にからむので、そのとき二塚さんがやられた汚染地区の調査にもふれざるを得ないと思います。九州の南北を貫く国道三号線が通っているでしょう。それを基準にして海側と山側とで比較しているのです。三号線から海沿いは汚染地区、山間部は非汚染地区という判断で、両方のデータをとって比較している。だから、そういう問題意識や研究手法に対して僕らはひじょうに懐疑的です。魚の流通ということを全然念頭においていない。三号線より山側の人たちだって同じ魚を食べていたわけだから。

D：それが、いまの認定基準の中の指定地域の考え方につながっているのですか。

富樫：それは影響していると思います。二塚さんのグループは似たような調査をくり返しやっていて、膨大なデータをとっています。その結果として事件史の何が解明できたかと言いたいわけです。

E：熊大文学部総合人間学科のEと申します。さっき〈水俣病〉の患者さんたちがすごく追いつめられたと聞いたのですが、熊本・水俣の雰囲気は、被害者でない人の同調圧力というのはあったのですが、熊大の中の雰囲気はどうだったのですか。〈水俣病〉についての当時の教授や学生たちの雰囲気ですが……。

富樫：私が見ていて、学生が関心を持ちはじめるのは政府見解の後ですね。それ以前は、私を含めてほとんど関心を持っていなかった。そういう意味でも、六八年九月の政府見解の発表は、非常にインパクトが大きかったと思います。

当時、法学部の学生は、年に一回、学生主催の模擬裁判劇というのをやっていたのです。街中のホールを借りてね。わたしが赴任した頃は、熊大の学生たちの面白いイベントがなくて、「やれやれ」とだいぶけしかけて、最初のころは台本なども一緒に作ったりしていたけれど、そうしたら意外に大きな反響があった。その法学部学生の模擬裁判劇の最後は〈水俣病〉じゃなかったかな。

有馬：いや、サリドマイド事件です。

富樫：サリドマイドか。やはり若い人たちの関心が変わったなと思うのは、政府見解の後です。それはわれわれ自身もそうでしたから。もう一つのファクターとしては、熊大闘争の最中だから、学生も闘争派、解除派と二派に分かれて対立していたけれど、われわれ若手の教員は研究室に泊まり込みです。当時、社会的には大学紛争が全国に広がっていたわけだけれど、あれに全精力を奪われていました。それが一区切りついたのが、研究会発足の年の夏です。

有馬：そうですね。僕らはまだ研究室に寝泊まりしていました。一年間寝泊まりしていたから。

富樫：とにかくストライキで全部授業が止まっていますので、八月下旬ぐらいに授業をスタートしないと、卒業予定の学生は全員留年になるというぎりぎりの段階まできていた。これはやめなければいけないというので、ストライキをやめて、八月二〇日過ぎから授業をはじめるんです。ちょうどその頃に水俣病研究会の話がくるんです。それまでわれわれは本当に内向きで、大学がどうなるかという話ばかりしていました。

E：それと原田先生のことですが、僕は韓国にいるときに教科書で〈水俣病〉について知ったので、原田先生や宇井さんのことは熊本に来てはじめて知ったのです。原田先生のことをいろいろ調べていたら……。

富樫：原田先生は、韓国に何度も足を運んでいますよ。

E：でも、僕は韓国にいるときはあまり興味がなかったので（笑）。原田先生が熊本大学から出ていかれた理由というのが、人によって答えがちがうのです。自分の足で出て行ったという人がいるかと思うと、大学の圧力で出て行ったという人と、研究環境が熊本学園大学のほうがよかったという人もいますが、本当はどうなのですか。

富樫：定年退職です。私と同年なので。だから、私が熊大を定年になるときに、原田先生も定年でした。

研究環境としては、あんなに恵まれた環境はないと思います。というのは、われわれ普通の教員は、授業のほかに教授会に出なければいけないし、いろいろな委員も引き受けなければいけない。ものすごく雑用が多いのです。あの方は研究所のスタッフですから、教授会も出なくていいのです。研究費はたくさんあり、自分の好きなことさえやっていればいいという、きわめて恵まれたポジションだったと思いますよ。（笑）

F：水俣病研究会が発足した当時、原田先生、二塚先生、宇井さんの三人が中心で、二〇名ぐらい研究会のメンバーがいたという話ですが、これは全国から分野とかも違う……。

富樫：いやいや、ほとんどは熊本地域です。私の友人で、元熊大法学部にいた阿部徹君というのは民法が専門で、岡山大学に転勤したのですが、初期は岡山からかなり通ってくれて、一緒に調査をしたりしてずいぶん助けられました。外部から研究会に通っていたのは、宇井さんと阿部君の二人ぐらいでしょう。あとはほとんど熊本・水俣です。文字どおり、水俣病研究会のメンバーは地元主体でした。

G：新潟の〈水俣病〉の裁判と熊本との交流というのは、どんな感じだったのですか。

富樫：新潟は第二〈水俣病〉でしょう、だから、第一〈水俣病〉の処理がきちんとできていれば、当然、昭和電工も無処理で排水を流すなどということはできなくなっていたはずですから、あんな事件は起きなかったと思います。新潟の弁護団や被害者から見れば、熊本の第一〈水俣病〉の処理が見舞金契約でけりをつけるという形で終わりにしたからこそ、新潟でもまったく規制されずに排水が流されつづけて、第二〈水俣病〉が起きたということになる。だから、熊本でどういう処理をしたのかということを抜きにしては、新潟〈水俣病〉事件はあり得ないという考え方です。一九六八年一月、はじめて新潟の被害者と弁護団が水俣を訪問するのですが、その人たちを迎え入れるために急遽、「水俣病対策市民会議」(発足時の名称)が発足するのです。市民会議発足のキッカケはそうなのです。

二　熊本大学医学部水俣病研究班

今日は六〇年におよぶ〈水俣病〉研究の一番中心をなすと思われる医学研究史を取りあげて、調査研究の内容と現時点からみた評価についてお話したいと思っています。私自身は、専門が法律学でありまして、医学に関してはまったくの門外漢です。医学以外の分野から医学研究の内容についてものを言う、あるいは場合によっては分析を加えるというのは、それなりに勇気のいる仕事でありまして、とくに医学内部の人たちからは、決してこころよく思われない作業です。私自身も過去にいくつかそういう経験をしておりますので、一つのエピソードとして、次回にそのへんの話もしたいと思っております。

三〇年ほどまえに、新潟大学医学部の神経内科教授、椿忠雄さんとちょっと論争めいたことがありまして、結果的には「素人は口を慎め」という一言につきるお叱りを受けて終わった論争であります。私自身が、椿先生に対して異議を申し立てたわけです。それは活字になって残っておりますので、つい最近何十年ぶりかで、椿さんに対する異議申し立ての文章を読み直してみまして、まったく訂正の必要を感じませんでした。ですけれど、それに対する椿先生の私に対する反論――反論というほどの反論はなくて、ほとんどお叱りです――それはたぶんいまだに医学界の状況としては変わっていないのではないかと思います。だから、そういうことも過去に多少経験しましたので、それなりに勇気のいる作業でありますが、〈水俣病〉事件の研究者としてこれは避けては通れない問題なのです。なぜかと言えば、〈水保病〉研究史のおそらく九割ぐらいは医学研究者が占めているといっても言いすぎではないからです。はたして六〇年にわたる〈水俣病〉の研究はどうであったのか、何を達成し、何をまちがえたのかということを検討する場合には、医学の研究をぬきにはできません。ですから、あえて今日もそれをテーマにしているということです。

もうひとつ、もし、医学内部の研究者が、きょう私がやろうとしている、六〇年におよぶ〈水俣病〉の医学研究史をきちんとやってくださるなら、それこそ私などが出る幕はないわけです。それをずっと期待してまいりましたけれど、ほとんどそういう研究や考察はなされていません。われわれが尊敬する原田正純先生においてもそうなのです。最近、この話をするために再度、岩波新書の『水俣病』(一九七二)を読み返してみましたが、医学研究に対するきちんとした分析、評価はほとんどなされていません。

これまで熊大研究班の〈水俣病〉研究に対してどういう評価なり、受けとられ方をしてきたのかということを、最初にちょっと申し上げておきたいと思います。これはあえて私から繰りかえす必要もないかもしれませんが、原因不明の「奇病」といわれた当時から、熊大医学部をあげて研究班を組織し、〈水俣病〉の研究に取り組んで、半世紀をこえる時間が経過したわけです。そして、〈水俣病〉は有機水銀中毒であるという結論に達して、それを発表しました。以後、「熊大の有機水銀説」というように「熊大の」という言葉がついて、「有機水銀説」が検討や批判の対象になっています。最終的には、長年にわたる熊大医学部あげての〈水俣病〉に関する医学研究の功績に対して、朝日新聞社から「朝日賞」が授与されています。そういう意味では、いまや「熊大医学部水俣病研究班」の研究成果は非常に高く評価され、その評価は社会的にも確立していると申しあげても過言ではないと思います。

それに対して、今日これから私が申しあげる、研究班に対する評価はまったく違うものであります。

私がしてほしい分析なり検討を、医学部内部あるいは医学界内部の人がやってくださるなら出る幕はないと思いますが、残念ながらその期待ははずれておりまして、医学部以外の者がやらざるを得ないというのが、今日の状況だと考えております。

1　熊大医学部研究班の発足とその目的

(1) 発足の経緯と目的

今日では〈水俣病〉と言われている、原因不明の病気が水俣地方で多発している、しかも漁村地区で集中的に発生しているということが表面化するのは、一九五六年であります。最初にその患者を診たのは、チッソ水俣工場附属病院の院長である細川一先生ほか病院のスタッフでした。漁民集落である月浦地区の幼少の姉妹二人が、小児科を受診したのがキッカケでした。これがどんな病気であるか見当がつかなかった。そして、患者家族から聞くところによると、似たような患者が漁民集落を中心にあっちにもこっちにもいるという情報を、同病院スタッフが耳にするようになるのです。これはたいへんな事態が起きていると細川院長が判断し、県衛生部の出先機関である水俣保健所に届けたのが一九五六年五月一日でした。その日を、〈水俣病〉の発生が公式に確認された日とわれわれは考えていますし、いまではそれがほぼ定着していると思います。

その直後、まず水俣市が「奇病対策委員会」を立ち上げます。最初に病気を発見した細川先生をはじめ、主として附属病院の内科と小児科の医師が中心でしたが、それに水俣保健所長、当時の水俣芦北地区医師会の医師、それに市の衛生課の職員が加わります。奇病対策委員会の中に調査班が組織されまして、附属病院の院長であった細川さんがキャップを引き受けられました。奇病対策委員会が最初にやったのは、どういうことか。あっちにもこっちにも似たような患者がいるという情報は耳にしていたのですが、それをきちんと把握する必要があるというので、病院の通常業務が終わった後に、毎日、附属病院スタッフがそれぞれ手わけして、当時水俣奇病が多発していると思われた、月浦、湯堂、出月といった漁民集落を中心に、患者宅をたずねて寝ている患者一人ひとりを丁寧に診察するという活動を始めました。のちにそういう調査を「現地疫学調査」とか「臨床疫学調査」――今日の疫学調査の方法論とはまったく違いますので、厳密には疫学と言えるかどうかわかりませんが――病院で主として臨床を担当している医師たちが、手分けして汚染地区をまわり、患者宅を訪問して、実態を解明していくという作業であります。その結果、一九五六年八月に最初のレポートがまとめられました。われわれはそれを「細川一報告書」(一九五六年八月二九日)といっています。これは最初の調査報告書としては、きわめてレベルの高い、しっかりした内容のものです。その点は、その後の医学研究史の中でもきちんと評価されているのではないかと思います。細川報告書を見ると、三〇例の患者をあげており、一人ひとりの発病の経緯、症状などがくわしく記載されています。

奇病対策委員会の研究班にとって最初にぶつかった問題は、何が原因で起きている病気なのかが、まったくわからないということでした。だからこそ、公式確認当時、「水俣奇病」という名前で呼ばれていたわけであります。最初に疑われたのは、伝染病でして、日本脳炎が可能性としては一番高いのではないかということで、奇病対策委員会のドクターたちはそれに焦点をあわせて、かなり丁寧に検査をしています。髄液の検査をすると日本脳炎かどうかがすぐにはっきりするので、全部やっています。結果として髄液検査では全員がシロという結果が出ていまして、そうなるとこれは当初疑われたような日本脳炎などの伝染病ではない。これだけ広範な地域に集団発生するというのは通常は考えられない異常な事態ですので、いったいいかなる病気なのかが改めて問題になるのですが、結局、細川さんたちの現地調査によっても解明できなかったわけです。

ただ、細川報告書には、その後の調査に役立つ重要な視点がのべられています。それは、水俣湾産の魚が原因だということ。三つの集落を中心に徹底した臨床疫学の手法で調査をして、三〇名の患者をつかむことができたのですが、それは全部漁民家族なのです。ですから、主として水俣湾で獲った魚を毎日大量に食べている人たちだということが、まずクローズアップされてくるわけです。それからもう一つ、細川さんたちが注目したのは、ネコの問題です。今とちがって当時の漁網はナイロン製ではなく天然繊維のもので、それには魚の臭いや魚のかすなどがつくわけですからネズミにやられやすいのです。だから、漁網をネズミから守るためにどの漁民家族も四、五匹のネコを飼っていたのですが、細川さんたちの調査によると、患者が発生した漁民家族のネコはほとんど全滅しているのです。一匹残らずいなくなっている。家族の証言によれば、人間と同じように魚を食べていたわけですが、非常に奇妙な行動をして、最後は海に突っ込んだり、石や木にぶつかったりして死んでしまったという。このネコの異常な死亡状況は細川グループが最初から注目していた現象でありまして、細川さんのノートを見ると、その後これがどんどん広がっていくのです。最初に調査をした地区だけではなく、それ以外の水俣の地区にも広がっていくし、さらには水俣よりも北の地域でもネコが大量に異常死するという報告が、次からつぎに保健所を通して入ってくるわけです。

ですから、髄液検査の結果、伝染病の疑いはないこと。ネコと人間の共通の食べものとして、主として水俣湾で獲れた魚が原因ではないかということぐらいまで、細川報告書ではつめているのです。しかし、細川医師の知識をもってしても、これ以上の解明は無理だという結論になりました。水俣保健所長も一緒に調査をしているので、県とも相談をした結果、最終的に熊大医学部に調査研究をお願いしたい、そのためには正式に県知事を通じて調査依頼をする、ということで医学部に話がくるわけです。当時、熊本県は貧乏県でそんなにたくさんの金を出せない状況だったのですが、当面必要な調査費は県が出しますという話もあって、当時の医学部長が引き受けて結成したのが、医学部「水俣病研究班」であります。

医学部をあげて研究班をつくり、〈水俣病〉の原因究明に取りくむということですが、中心になったのは、第一内科、臨床病理の武内忠男先生が教授をしておられた第二病理学教室、それと疫学ということで公衆衛生、衛生学、さらに神経精神科を加え、これらの教室が中心となって研究班の活動を開始するわけです。

(2)「原因究明」とは「原因物質」の割り出し

当初から強く意識されていた調査事項は「原因究明」――そういう言葉が当時から出てきまして、今日でも「水俣病の原因究明」という言葉がふつうに使われていますが、これももう一度、いったい「原因究明」とは何かということを見直し、定義づけをしなければならない問題だろうと思いますが――県からの調査依頼も、水俣地域に最低三〇名の患者が発生するという形で蔓延している奇病の原因を一日も早く解明してほしい、その原因が解明されなければ病気の拡大を防ぐ手だてもないということでした。とにかく一刻も早く、何が原因でこういう奇病が発生し、広がっているのかを解明してほしいというのが、熊大に対する県の調査依頼であったわけです。

その依頼を受けて熊大は原因究明に乗り出していきます。〈水俣病〉の発生メカニズムはみなさんご存知だと思いますが、チッソ水俣工場のアセトアルデヒドの製造工程中の化学反応で塩化メチル水銀が生成され、それが排水にまじって海に出るという仕組みになっています。ですから、いまでは魚を汚染し、その魚を食べた住民に〈水俣病〉を発生させた原因は、工場から排出された塩化メチル水銀であるということが明らかになっていますが、その水俣奇病を引き起こしている原因物質を一刻も早く明らかにしてほしい、そうしなければ国や県としてもまったく手の打ちようがないという状況だったわけです。

調査を開始して三年後の一九五九年七月に「有機水銀説」が出て、その二、三年後に、その原因物質が工場で生成された塩化メチル水銀だということが突きとめられました。それを国と熊本県が「待ってました」とばかりに、その後徹底した対策を講じたかどうかが大問題でありまして、事件史を見れば明らかなように何もやっていないのです。とにかく行政として手を打つためには一刻も早く原因究明してほしいと研究班に依頼があったわけですが、本当に原因を究明すれば次からつぎへと有効な対策が講じられるのかどうかがたいへん問題でありまして、事件史を見るかぎりは、まったく何も有効な対策はとられていないのです。

原因ということでいうと、アセトアルデヒドの製造工程から塩化メチル水銀が生成されたことは、いまではわかっています。それがほかの製造設備から出る排水と全部一緒にした「総合排水」という形でまぜられて、水俣湾の奥に設けられた排水口からまったく無処理で水俣湾に流されていた。アセトアルデヒドの製造自体は一九三二年から開始されるわけですが、それ以後、まったく排水処理をしていないのです。なぜ一九五〇年代に入って水俣奇病と言われるようなたいへんな問題が集中的に発生したのかというと、戦後のアセトアルデヒドの生産拡大にともない、廃液中のメチル水銀量が増大したことが主な原因と思われます。水俣工場は空襲で一時は全滅状態になるのですが、戦後、いち早く工場を再建して、生産を拡大します。なかでもアセトアルデヒド工場は一番利益のあがる工場だったのです。戦後、塩化ビニールの利用が広がっていくにつれて、その可塑剤（オクタノール）はなくてはならない重要な製品になりましたが、それはアセトアルデヒドからの誘導品なのです。ですから、経済企画庁の経済白書で「戦後が終わった」とされるまでに、一九四五年から約一〇年かかっているわけですが、水俣工場の戦後復興はそれ以上のスピードで、倍々ゲームで生産規模を拡大していきます。いまから考えると、異常というぐらいのスピードで生産を拡大しています。それにともなってメチル水銀を含む排水も増え、水俣湾から不知火海へと汚染が広がっていったのです。

われわれは今や、そういうイメージで〈水俣病〉をとらえていますから、工場のどの部門のどういうプロセスから原因物質であるメチル水銀が生成され、それが設備廃水という形でたまってきて、それがどういう処理をして、あるいは何の処理もしないで、総合排水という形で海に流れ出たのか。当時の排水処理の理論としては、たった一つ、「希釈放流の理論」がありました。宇井純さんが東大工学部で聞いた講義でも、排水処理といえばそれしか出てこなかったといいます。要するに、工場から出るメチル水銀は微量ですが、それが水俣湾や不知火海に出ていき大量の海水で薄められてしまうから最終的には無害になる、というのが希釈放流の理論です。当時、日本には排水処理の理論はそれしかなかったのです。だから、一概にチッソばかりを責められないところがありまして、日本の化学工場はどこも希釈放流の理論に頼って、工場内では何の処理もせずに川なり海に流せば、自動的にそれが無害なものになっていくという考え方をとっていました。

しかし、その後の調査研究で明らかになったように、どんなに微量のメチル水銀であっても、どれだけ大量の海水によって薄められても、その物質がなくなることはないのです。どんなに薄められても有毒物質はかならず残るので、最終的にはそれがプランクトンや魚に取りこまれて生体内に蓄積され、食物連鎖をくり返しながらものすごく濃縮されていくわけです。海の生物の頂点にいるのはマグロやクジラですが、食物連鎖で濃縮されたメチル水銀を体内にため込んでいくので、一番大きな魚が一番濃厚に汚染されるというメカニズムになっているわけです。それは一九七〇年代以降、徐々に明らかになってきたことです。

だから、現代の感覚からすると、〈水俣病〉の原因究明という以上、そこまで含めた原因究明でなければだめだと思います。ところが、当時の熊大研究班の理解する原因究明というのは、どんな毒物でこういう病気が発生するのか、その毒物を解明することがすべてであって、それ以外はまったく念頭にない。だから、ひじょうに視野が限られていたということです。

どういう方法で原因究明にとりかかったかというと、基本的には動物実験です。最初に原因物質としてリストアップされたのは、マンガン、セレン、タリウムなどでした。それらを健康なネコにエサと一緒に投与する。そして、〈水俣病〉と同じような症状が発現するかどうかという、一種の再現実験です。そういうことを各教室がやっています。医学部の内科、神経精神科などは、本来は臨床が主ですから、まず患者を診なければ話にならない。ところが、残念ながらあまり診ていません。たとえば、原田正純さんも所属した神経精神科の教授はタリウム説でした。〈水俣病〉を引き起こす毒物としてはタリウムの可能性がきわめて高いという。それで神経精神科では若い研究員を総動員してネコ実験をやる。タリウムをエサに加えてやって、〈水俣病〉を再現できないかどうかという実験です。患者はほとんど診ていない。もともとそういう実験をやるために神経精神科に入局したわけではないのに、若いドクターが全部かり出されて実験をしたというのです。途中でその教授が急病で亡くなり、東京から新しい教授が赴任するのですが、まず驚いたのはそのことだったと言います。神経精神科は臨床部門なのに、まったく患者を診ていない。患者を診ていないから、〈水俣病〉は臨床的にはどういう病気なのか、だれも正確に答えられなかったという、本当に信じられないような状況だったようです。

では、内科はどうだったか。熊大研究班で内科の中心になったのは第一内科の教室でした。内科は、神経精神科より多少ましかなと思うのは、多少患者を診ているのです。ただ、三四人だけ。この第一内科の研究論文をみてみると出てくるのが、毎回、同じ患者です。そして、その患者のほとんどはいわゆる学用患者です。ちょっと脱線になりますからくわしくは話しませんが、ものすごい重病の患者が水俣では多発していて、家ではとても看病できないというので、病院に収容しなければならなくなるのですが、当時は市内のベッド数が限られていまして、〈水俣病〉患者を収容する余地がなかったのです。それで保健所長の管轄下に属する避病院——伝染病隔離病棟——そこが空いているので、日本脳炎の疑いありという名目で一時的に患者をそこに収容しました。そこはほとんど設備らしい設備がなく、給食などはまったくできない。家族も一緒にそこに入って、家族が自炊しながら看病する。看病といっても、何の手当てもないわけです。そういう状態がしばらく続くのですが、それも収容人数が決まっているのでいっぱいになってしまいます。困って熊大医学部と相談をして、国立大学医学部には治療費を取らないで研究用に何人かの患者を引き取る学用患者という制度があるので、学用患者として主に重症の人たちを引き取りましょうということになるわけです。

今度は水俣の避病院から熊大医学部附属病院に患者が送りこまれることになり、それが三〇名をちょっと超える人数でした。その人たちは第一内科の管理下に置かれますから、そこの教授も医局員も水俣に行く必要がないのです。学用患者三四名が水俣から送りこまれて自分たちの管理下に収容されているので、もっぱらその人たちを毎日診察して経過を観察していくわけです。だから、第一内科も研究論文を発表していきますが、研究の対象となるのはずっと同じ患者なのです。診ている患者が全然変わらないのです。

最初の細川先生たちの調査は、水俣工場附属病院の先生方が患者多発地区の家庭を一軒一軒回りながらたいへん丁寧な調査をしているわけで、本来、熊本大学水俣病研究班こそ、そういう現地調査を徹底してやるべきだったと思うのですが、やっていないのです。大学附属病院に重症患者が三〇数名も収容されていますので、行く必要を感じなかったのでしょう。もっぱら、研究の対象としてみているのは学用患者を中心とした三〇数名の患者たちで、くり返し同じ患者を診て、一報、二報、三報と研究報告を出していくのです。

そして、ネコ実験に精力をかたむけて、なんとか一刻も早く〈水俣病〉の原因物質を割り出したいというので、各教室の競争になっていました。自分の教室が一番乗りをしたいという考え方が強く、競って動物実験に明けくれていた。それが研究班の実態でありまして、いまから考えると非常に問題であったと思います。動物実験をする必要がないとは思わないけれども、初期の細川先生のチームがいち早く三〇人の患者を発見したのは、非常に限られた人数と限られた時間の中で最大限努力をされた成果だと思いますが、熊大研究班のとくに臨床部門はその延長こそやるべきだったと思います。細川報告書の成果を引きついで、現地調査こそ徹底して行うべきだったと思うのだけれど、残念ながらそれは行われなかった。それが熊大水俣病研究班の活動の実態であったということです。

つぎに、〈水俣病〉という病名についてお話したいと思います。最初に「原因不明の疾患」という言葉が出てきます。一九五六年から五八年ぐらいにかけて、初期の論文に一番多く出てくる名称は「水俣地方に発生した原因不明の中枢神経疾患」でした。これがいつの間にか、〈水俣病〉という病名に変わっていくわけです。武内先生が書いておられますが、医学部研究班の中では、いつまでも「原因不明の疾患」というわけにはいかないから、こういう病名にしようという議論は一度もやったことがないといいます。むしろ、〈水俣病〉という言葉は、医学部研究班の外で、とくにマスコミで使われたのが最初ではないかと。いつの間にかそれが「水俣奇病」という言葉から〈水俣病〉という名称に変わっていきましたので、それならわれわれも今後はこの病名でいこうではないかと。たとえば、武内病理教室の論文をみますと、全部名称が違うのです。第二報ぐらいまでは、「水俣地方に発生した原因不明の中枢神経疾患」という名称になっていますが、武内教室では意外に早く一九五七年ぐらいかな、最初はカギカッコつきの〈水俣病〉として、「いわゆる水俣病」という意味で使われています。研究班の論文を見ていると、教室によってかなりバラツキがあります。ずっと後まで「水俣地方に発生した原因不明の中枢神経疾患」を使いつづける教室もありますが、武内教室の病理報告などは、一九五七年の第三報ぐらいから〈水俣病〉に変わっています。

そういう経過で、〈水俣病〉という言葉が医学上も使われるようになったわけですが、この経過だけでも、もっときちんと文献に当たってフォローアップすべきです。〈水俣病〉という病名はちょっと見ただけでも、じつに奇妙な成立経過です。この病名について研究班の内部では一度も議論していないのです。これこれの理由で今後、この「原因不明の疾患」を研究班では〈水俣病〉と命名しよう、という議論は一回もやっていません。だから、教室によって非常にバラツキがあって、早くから〈水俣病〉に変えたところと、遅くまで使わなかった教室があるのです。統一性が全然ない。そういう成立経過をみても、これはきちんとした医学上の概念として成立したものでないことは明らかだと思います。

(3)研究班の構成と活動期間

いまお話ししたのは第一次研究班ですが、問題はその活動期間です(のちに第二次研究班が組織されています)。中心になったのは、臨床(第一内科)、病理(第二病理)、公衆衛生の三つの教室でしたが、活動期間は一九五六年の公式確認の直後、八月から研究班の活動が開始されますが、それから五九年いっぱいまでが第一次研究班の主な活動期間だったと見てよいと思います。一九六〇年にはいってからも、研究班のメンバーの一部は調査活動を続けます。第二病理教室には、次つぎに持ちこまれる患者の病理解剖が行われて、報告が重ねられていくわけです。しかし臨床報告のほうは、ほとんど一九五九年で終わってしまいます。それも先ほど言ったように、三四例の枠をでない形で終わります。

もう一つ、公衆衛生とは別に衛生学という教室がありまして、そこでは原因物質をもっときちんと突きとめたいという考えがあり、研究調査が続いていきます。これも一九六三年ぐらいまでです。〈水俣病〉をひき起こした原因物質が、アセトアルデヒドの製造過程で生成した塩化メチル水銀であることを突きとめたのは、衛生学の教室でした。その論文が発表されるのが一九六三年です。

偶然のキッカケからサンプルが手に入り、そういう研究が可能になったというのです。これもちょっと脱線ぎみの話になりますが、衛生学教室の助手としてもっぱら水銀分析を担当していたのは甲斐文朗さんという方、この人は医学部出身ではなく、熊大理学部化学科の出身で、もっぱら分析の最前線で活躍していたのです(後に理学部教授)。水俣工場のアセトアルデヒドの製造設備では、大きな反応塔で母液をかき回しながら化学反応を起こしていく——基本的には、反応塔に触媒である水銀を入れて攪拌しているところにアセチレンガスを吹き込むと、化学反応を起こしてアセトアルデヒドが生成され、その過程で塩化メチル水銀も副生するという仕組みです。そういう反応を繰りかえしていると、反応塔の内側にベタッと泥状の物がくっついて、だんだん厚くなっていく。放っておくと反応が落ちてしまうので、定期的に設備を停めて中を開けて削り落とさなければいけない。その削りとったものが入鹿山教室で分析の対象となったのです。これを分析したら、きれいに塩化メチル水銀が出てきたわけです。これが〈水俣病〉の原因物質で、一九五九年当時は「ある種の有機水銀化合物」と言われていたものの正体だったわけです。そのときにはじめて、原因物質が化学式で書けるようなものになるわけです。その論文が発表されたのが、一九六三年だったと思います。

そういう研究をするために、衛生学の調査や研究は六三年ぐらいまで続くのですが、研究班全体としては五九年末でだいたい終わっています。

2　有機水銀説の発表とその問題点

一九五六年から五九年半ばぐらいまでの研究班の活動は、原因物質を特定するための、動物実験中心の調査研究でありまして、細川報告書を継承して〈水俣病〉の臨床像なり病像を細かくみていく病像形成のための研究は、かならずしも十分に行われていたとはいえないと思います。

(1)「ハンター・ラッセル症候群」とは

今日は、これが一番中心の問題になると思います。

原因物質としてはマンガンだ、セレンだ、タリウムだといろいろ実験してきましたが、結局、これが正解だという結論は出なかったわけです。その間、原因不明という状態が続いていたわけですが、一九五八年末ごろ、第二病理の武内先生が、その当時ドイツで発行されたばかりの病理学の本を手にするわけです。それは病理学の集大成のような本ですが、その最新巻「中毒」の付録でハンター・ラッセルの病理報告がそのままの形で載っていたと聞いています。それを読んで、「私が探してきたものはこれだ!」というふうに武内先生は思ったと、ご本人から聞いています。

ハンター・ラッセルの報告(一九五四年)は病理報告です。メチル水銀というのは猛毒の化学物質で農薬にも使えるわけですが、その水溶液に麦などの種モミを浸すと種モミがコーティングされて、鳥などがつつかなくなるというのが水銀農薬のねらいです。もともと化学農薬のほとんどは毒ガスの生産からスタートしたと言われます。メチル水銀もそうなのかどうかは確認していませんが、メチル水銀は猛毒の物質だとわかっているから、化学農薬として使われたのです。その英国の農薬工場は戦前からできていて、従業員が十数人程度の小さな工場のようですが、メチル水銀農薬を粉末状にして販売していた。粉末状のメチル水銀を扱っているため、工場内にはメチル水銀が散らばっていたわけです。それを何の防御もしないで扱っていたわけですから、工場で働いていた人たちはメチル水銀に曝露されます。そして、その小さい工場で最初に四人がメチル水銀中毒で発病し、その四人について一九四〇年に臨床報告が出ています。その中の一人が一〇年以上経過して亡くなったので、その人を解剖して病理所見をつけて発表したのが、一九五四年の有名なハンター・ラッセルの論文です。私も一度読んでみました。

ハンター・ラッセルの論文は、基本的に三つの部分からなっています。中心はもちろん、亡くなった患者を解剖した病理報告です。大脳がどうなっているか、小脳がどう損傷されているかという話がメインです。一九四〇年に四人の労働者が発病したときに、その症状を丁寧に診ているので、そのときの臨床症状をまとめていまして、これが第二部。第三部は、動物実験を扱っています。マウスにメチル水銀を注射すると、中毒を起こして死んでしまいます。そのときに下肢が硬直して交差するという病変が起きるのです。そのことをハンターたちは動物実験で確認しています。この三つの部分からなっているのが、一九五四年のハンター・ラッセルの論文です。

その臨床報告のところをみると、運動失調、構音障害、求心性視野狭窄の症状が四人の患者にそろって出ている。ほかの症状も記載してあるけれども、メチル水銀中毒の主たる臨床症状はこの三つだとまとめたのは、武内さん自身です。ハンターらはそう結論づけてはいません。ハンターらはただ、一九四〇年の臨床報告をていねいに整理しているだけです。武内さんは、第一内科の徳臣さんに、「これまであなた方は多くの患者を診てきて多彩な臨床症状をカルテに記載している。それを三つの主な臨床症状に焦点を合わせて整理し直してほしい」と依頼した。そうすると、これらの症状がそろって出てくるわけで、臨床と病理両面で、五四年のハンター・ラッセルの症例と一致するというわけです。それにもう一つ。もし〈水俣病〉の原因が水銀だとすると、水俣湾内の底泥に水銀がたまっているにちがいないから、急いでそれを調査してくれと依頼した。そのころの公衆衛生学教室では水銀を扱ったことがないし、分析能力もないわけですが、薬学部の協力を得ながらとにかくがんばるわけです。そうしたら、排水口のすぐ近くでは二〇〇〇 ppm を超える高い水銀値が出てきました。そして、湾外に向かってだんだん水銀値が低くなっていくことが明らかになったというわけです。

たった一回分析をしただけで、これで水銀が関係しているのははっきりした、病理的にはハンター・ラッセルが報告した病理所見と〈水俣病〉は完全に一致しているというわけです。大脳も、小脳もやられているると。ほんとうは、大脳所見はひじょうに大ざっぱで、論文では数行の記述しかない。小脳については、たいへん詳細に書いてあります。当時は大脳皮質をみるのが技術的に非常にむつかしかったのです。顕微鏡で見ると大脳が広範にやられていると書くわけですが、細かい記述はありません。

とにかく、これで根拠がそろったというので、一九五九年七月に、研究班として「有機水銀説」を公式に発表するわけです。しかし、その時点では、メチル水銀をつかまえていないし、臨床的にも三〇数例しか診ていない。本当に限られたデータしかないのです。だから原因物質も「ある種の有機水銀」という漠然とした言い方しかできていない。一九六三年になって原因物質は塩化メチル水銀と確定しますが、この時点ではまだそれがわかっていない。これが、いわゆる「有機水銀説」の内容なのです。ですから、この当時の「有機水銀説」は、そうとうに危ない内容で、キチンとした証明ができていない。その結果、以後、チッソからもあるいは国からもさんざん「有機水銀説」はたたかれるのです。

（2）「有機水銀説」の病像論

のちに新潟で第二〈水俣病〉が発生して、新潟大学の椿先生を中心として、かなりきちんとした臨床疫学的な調査をします。熊本ではできなかった、毛髪水銀量の調査もやります。その結果明らかになってきた病像は、あまりにも熊本の〈水俣病〉とちがうのです。たとえば、求心性視野狭窄という症状。これは望遠鏡でのぞくようにしか見えない、視野が狭くなり周辺部が全然見えない。メチル水銀に侵されると、非常に限られた視野しか見えなくなるのです。中心部にだけ視野が残って、周りはまったく見えなくなってしまう。熊本〈水俣病〉の認定では、これがかならず必要なのです。熊大第一内科の論文をよむと、患者には一〇〇％視野狭窄がでている。ところが新潟の調査では、求心性視野狭窄の患者はめずらしい、わずか一〇数％です。圧倒的に多い症状は感覚障害です。ところが、熊大のいうハンター・ラッセル症候群に感覚障害は入っていない。もちろんハンター・ラッセルの報告にはありますが、熊大研究班ではこれが落ちてしまった。新潟〈水俣病〉の主な症状は感覚障害で、つぎに多いのは運動失調です。これに対して視野狭窄はものすごく数が少ないのです。

これは後に問題になるのですが、同じ製造工程から塩化メチル水銀が流出して〈水俣病〉が起きているのに、なぜこんなに病像が違うのか。重症、軽症のちがいはあっても、病気自体は同じなのです。新潟の病像論には実証性があるのに、熊本のそれには実証性がない。武内さんがハンターらの報告を読んで、主要な症状はこれにちがいないと整理したものであって、もともと実証を欠いている。しかし、熊本では〈水俣病〉の認定にあたって求心性視野狭窄はたいへんな重要性をもつようになり、この症状がなければ〈水俣病〉ではないというふうになるのです。今日では、軽症患者で例外なくみられる感覚障害、とくに手足の感覚鈍麻が非常に重視されていますが、ハンター・ラッセルにこだわる熊本では感覚障害は重視されていなかったのです。

最大の問題は、フィールドワークをやっていないため、下から積みあげた実証的な病像論ではないということ。そして、研究班としては、一部の教室をのぞいて一九五九年で調査研究は終わります。臨床部門の中心をになった第一内科は、「水俣病は一九六〇年ごろには収束した模様である」という、実証をともなわない論文を発表しています。六〇年で〈水俣病〉は終わったから、もう研究の必要はないというわけです。

以上が、少なくとも、わたし自身が文献をとおして理解した熊大研究班の活動内容であり、あまりにも実証性に欠ける研究といわざるをえないでしょう。これが熊大流に理解されたハンター・ラッセル症候群――ハンター自身は、ハンター・ラッセル症候群とは一言もいっていないんです。いま医学界で、「ハンター・ラッセル症候群」という用語はだれも使わない。第二〈水俣病〉で新潟大学医学部が発表する論文にはハンター・ラッセル症候群という言葉は一回も出てきません。全部、有機水銀中毒という言い方をしています。だから、これは医学的に確立された病名とはほど遠いものだとみてよいと思います。しかしながら、これが以後の認定制度で中心の役割を果たしていくわけです。これに該当しなければ〈水俣病〉ではないとされていくんです。

以上で今日の報告を終わります。どうもありがとうございました。

3　質疑応答

有馬：補足的に言わせていただくと、ハンター・ラッセル症候群と言ったのはたしかに武内さんなのですが、武内さんに僕が確かめたところでは、徳臣さんに「臨床症状をまとめてくれ」と依頼したけれども、結局徳臣さんは応えなかったので、しょうがないから武内さん自身がまとめた。問題は、武内さんが病像をまとめたのだけれど、それを固定化させていったのは徳臣さんです。武内さんはむしろ、病理から新しく問題を提起していくのですが、無視される結果となり、自分から提示したことに足を縛られることになるわけです。

富樫：そのとおりです。認定申請者を診て症状をひろうのは臨床で、病理ではないですから。そのさいには第一内科が中心的な役割をはたすわけです。

有馬：結局、第一内科がハンター・ラッセル症候群として病像を固定化していくわけですね。もう一つは、新潟との差ですが、椿さんの場合は毛髪水銀の分析から出発しているわけです。毛髪が水銀に汚染されているという証拠を確実につかんだうえで診断をつけているから、水銀値の高い人を臨床的に広くひろっていますからね、それで病像を立てているから熊本との間で非常に差が出てきたということです。

富樫：ある意味では、最初期に現地疫学の方法で細川先生たちが地道にやられた調査の延長で、新潟は出発しているのです。そのころには、毛髪水銀値の分析もできるようになってきました。とにかく新潟は、実際に汚染地に足を運んで住民の健康調査をしていくのです。そこが熊本と根本的にちがう点です。新潟では汚染地区住民で五〇ppm以上の毛髪水銀値があれば〈水俣病〉の可能性が高いと言っているのです。ということは、五〇ppm未満なら大丈夫かという話なりますが、これは現在の常識では全然通りません。その後のグランジャンたちの調査研究では、母親の毛髪水銀値が一〇ppm前後であっても、妊娠した子どもにいろいろな障害が現れてくるということがはっきりと確認されていますから。いま、五〇ppm以下なら安全と言ったら世界中でもの笑いになりますね。一九六五年当時はそういう認識だったのです。椿さんたちは、主として五〇ppmを超える毛髪水銀値を示した人たちを中心に丁寧に診ていくわけです。

A：その当時、なぜ研究班でフィールドワークが必要と指摘されなかったのか。東京から先生（一九六〇年、神経精神科に赴任した立津政順教授を指す）が来たときに、「患者をまったく診ていないじゃないか」

というふうに言ったと、さっきおっしゃっていたじゃないですか。熊本大学でそういうことをしていなかった理由がよくわからないのです。

富樫：フィールドワークが必要という意識はなかったですね。どこの大学の医学部でも、臨床部門というのは疫学調査をやる部門ではないんです。日常的には附属病院にきた患者を診察し、研究しているだけであって、自分たちがわざわざ水俣まで――当時は鉄道で行くだけでもけっこうたいへんでしたから――行って、しかも細川先生のグループが回られたように患者宅を一軒一軒回って調査するという意識はまったくないのです。だから、簡単にいえば、病院に来た患者を診るのが臨床の仕事になっているわけです。しかも水俣から学用患者が三〇数名も送られてきているわけでしょう。研究対象は目の前にいたわけです。その人たちをくり返し丁寧に検査したり、診察したりしていたわけです。それは、当時の日本の内科学の研究者としては、それほど例外的なものではなかったと思います。ただ、〈水俣病〉の研究はそれではだめだということです。

医学部の研究班というのは、われわれが今日常識と考えているような研究活動はまったく考えていないのです。しかも全部教室単位で活動する。だから研究班として、一応教授だけでも一〇人ぐらい並ぶわけだけれど、そういう人たちがたえず討論しながら、共同で研究を進めていたと考えると大まちがいであって、まったくそうではないんです。動物実験なども、教室ごとにわれ先に競争しあっているわけです。しかも同じ動物実験です。だから、病理だろうが、内科だろうが、神経精神科だろうが、やっていることはまったく同じです。どの教室よりも先に、自分のところで実験を成功させたいという競争ですよね。だから、研究班としては全然体をなしていないというか、ディスカッションしながら研究の内容や方法を修正していくということはやっていません。

B：細川一報告書の中で、ネコと魚についての問題がいろいろ指摘されていて、その関係もうすうすは出ているわけですね。私はまだ読んだことがないのですが、それを熊本大学の医学部研究班は参考にしようとしなかったということですか。

富樫：第二病理の武内先生は気がついていました。水俣湾の魚が問題だと。そこで、患者家庭の漁民たちに、水俣湾で獲れた魚を大学に送ってもらうのです。それをネコに食わせて、なんとか〈水俣病〉を再現できないかということをやっています。ところが、みんな失敗してしまうのです。しょうがなくて、水俣の保健所長に、「医学部ではうまくいかないから、君のところで動物実験をやってもらえないか」、と頼むのが一九五七年。当時の保健所長はものすごく忙しくて、次々に発見される患者をどう収容するかとか、あちこちからネコが死んだので調査にきてくれとか、たえずいろいろな要請がくるわけで、超多忙な仕事だった。そこに第二病理の武内先生がネコ実験をやってくれと。しょうがなくて、遠いところから健康なネコを七匹ぐらい探してきて、保健所の中の一室をネコの飼育室にした。所長が自分で水俣湾に行って魚を獲るわけにはいかないから、小学生何人かに、「きみたち魚を獲ってきたら駄賃をあげるから、水俣湾のこことここで魚を獲ってくれ。そうしたら一匹いくらで買ってやるよ」と頼むわけ。そうしたら、こんなタイのような大きな魚も浮いているような状況だったから、子どもでも手づかみで採ってきたというのです。それをエサにして保健所がネコ実験をはじめるのです。そうしたら、ネコは全部みごとに〈水俣病〉になってしまう。結局死んでしまうから、それを武内教室に送って病理解剖をし、それが病理報告として何本か論文が出ています。伊藤蓮雄保健所長は、そのネコ実験で医学博士になるのです。それは研究自体としては立派なものです。よく忙しい役職にありながら、ネコを飼って、朝昼晩とエサをやらなければいけないわけでしょう。家族ぐるみでよくやられたなと。それで発病するとすぐに細川先生に電話して、細川先生にも診てもらっています。そして、死んでしまったら、第二病理へ送って解剖してもらうわけです。

C：熊本大学のCと申します。一九五九年に熊大医学部がメチル水銀説を発表して……。

富樫：正確に言うと、メチル水銀説ではなく、いわゆる「有機水銀説」です。当時はまだメチル水銀ということはわかっていません。

C：はい。有機水銀説を発表して、それから国が公式に認めるのが一九六八年ですが、なぜ九年間そうなっていたのかということを個人的にずっと疑問に思っていたのです。きょうのお話によると、一つには熊大医学部の五九年の説は科学的に脆弱であったことが原因だということは勉強になったのですが、それから六三年に化学式が書けるような状況になったということを含めても、やはり当時はまだしばらくさまざまな金属についての説が科学的に研究されていくと思いますが、それはどうしてそういうことになったのか。つまり、本気でほかの金属ではないかということを一生懸命やっていたのか、それとも、有機水銀から塩化メチル水銀であるということを隠していこうという動きがあったのか。なぜ、そういうことになっていたのかを、よろしければもう少しおうかがいできればと思います。

富樫：これは武内先生の話ですが、医学の教科書にはどういう毒物でどういう症状が出るかが、過去のデータから一覧表になっているとのことです。それを見ると、実際に細川先生などが診た症状と非常に近いものが自ずと絞られてくる。その結果、セレンの可能性が高いのではないか、マンガンの可能性が高いのではないか、タリウムが近いのではないかと、だいたいそのあたりに絞られたのです。ほかにも毒物はいっぱい教科書に載っているけれど、症状が違う。だから、多少とも症状につながりのありそうなのはだいたいその三つぐらいかな、という形で絞られていったのです。ならば、その三つについて動物実験で再現できるかどうかやってみようと。

有馬：たしかに熊大の有機水銀説は脆弱なところがあったわけですが、その後、入鹿山教室が一九六三年に原因物質はメチル水銀と特定するわけだけれど、結局ほとんど注目を受けなかった。一九五九年一一月に厚生省の食品衛生調査会水俣食中毒特別部会が解散させられて、そして作ったのが経済企画庁の水俣病研究連絡協議会なのです。今後は、そこで検討するという形にし、先のばしするわけです。それともうひとつ。日本化学工業協会(日化協)が肝入れして「田宮委員会」というのを作って、そこで有機水銀説をつぶす側に回るわけです。だから、事情を知らない人が外から見ていると、有機水銀説は証拠不十分だという状況が、政治的、社会的に作られていくのです。その結果、一九六八年に第二〈水俣病〉が起こって、ようやく有機水銀説が見直されることになったと、そういうふうに思います。

富樫：一九五九年一二月三〇日に見舞金契約が締結されます。そのときの前提というのがあって、すでに熊大の有機水銀説も出ていましたが、この時点では〈水俣病〉の原因は確定していないというのが大前提なのです。だから、原因が確定しないのであれば、チッソは被害者に対して原因者として損害賠償する、補償する義務はないわけですから、見舞金になるわけです。見舞金というのは、工場と同じ地域に気の毒な患者が多発しているから、当地で操業している工場としてお見舞い申し上げたいという形をとるわけです。だけど、チッソはこれが補償であることは重々承知しているわけです。原因不明だということを強調することによって、低額補償で事件を終わらせるというのが本当のねらいです。実際、それがみごとに効を奏して、年を越すともう新聞などから〈水俣病〉の記事はほとんど消えていくのです、一九六〇年以降は。一九五九年の七月から一二月までの激動の時期と一九六〇年以降のまったく報道されなくなる時期、あの違いをぜひしっかりと見てほしいのです。社会的には一九五九年一二月末で終わりにされてしまったのです。そのことは当然、研究班にも影響する。実際に熊大研究班は第一内科を中心として、〈水俣病〉は終わったと理解していったわけです。もっと地道に研究を続けようとしても、研究費が出なくなるのです。一九七〇年代に入り、認定問題でものすごくこじれて、国の大問題になっていったときに、審査会の委員を出している医学部にまた潤沢な研究費が出るようになるのです。

C：ありがとうございました。おうかがいしたかったところがまさにその部分で、つまり、一九六〇年以降もしくは六三年以降、食品衛生調査会の部会が答申して次の日に解散させられますが、それから六八年まで〈水俣病〉事件は社会的、政治的に「抑圧され続けた」という言い方をされますが、いったいなぜそんなことができたのかということが疑問に思っていたところです。もはや社会的に注目されなくなったし、研究費も出なくなったということでしょうか。

富樫：〈水俣病〉に限らず、どんな事件でも、放っておけばそうなるのです。そうさせないためには、被害を受けた人間が声を上げ続けなければならないわけです。ところが、〈水俣病〉事件の歴史を見ると、五九年末で事件は一件落着としてしまう。しかも当時、見舞金契約に調印させられた患者家庭を支援する人は一人もいなかったのです。だから、一〇〇%国・県あるいはチッソの思惑どおりに、終わりにさせられたというのが実情ですね。

有馬：もうひとつ。通産省と日本化学工業協会の圧倒的な力でつぶしたのです。

C：どうしてつぶせたのかというのが分かりません。

有馬：アセトアルデヒドから誘導するオクタノール・DOPという可塑剤は、チッソが作らなければ塩化ビニールなどを成型できないわけです。だから生産を止めるということは化学工業全体の問題になりますから、上からの力が圧倒的に強かったということです。

D：きょうはとても興味ぶかい話を聞かせていただきました。さきほど、熊大医学部が臨床といっても入院患者を診るだけということでしたが、では、なぜ細川医師は現地に出向いて、あれだけ丹念に患者を診て症状を明らかにしようという姿勢をもったのでしょうか。

有馬：なぜ細川が、〈水俣病〉が特殊疾患であると判断できたかという問題につながるわけですが、ひとつには、宇井さんが書いていますが、細川は熊大の第二内科（血液学）の河北靖夫教授と一緒に、当時風土病といわれた腺熱の臨床疫学的な研究をするのです。彼が水俣・芦北地方の患者の臨床と疫学を担当して、河北教授が実験的なことをやってつめるといった研究を。宇井さんが書いていることですが、あの当時の水俣・芦北地方に起こる一般的な病気のことをよく知っていたわけです。日本脳炎なども含めて。だから、直感的にそういう病気とはちがうとわかっていたと思います。最初に彼が患者と遭遇するのは一九五四年です。そのときは二カ月ぐらいで患者は亡くなって、次の年にもう一例診るわけです。なすすべもなく二人とも亡くなって、そのことがずっと印象に残っていて、じつはその段階で、東大の神経内科を創設した冲中重雄教授に相談したりしているのです。「どうも珍しい病気みたいだから、君、研究したら」みたいなことがあって、ずっと模索していました。それでチッソ附属病院小児科の野田医師のところへ田中静子さんと実子さんという姉妹の患者が来たときに、野田さんは困って細川さんに「診てくれ」と頼むのです。細川さんは、自分は小児科が専門じゃないからと言いながら診て、前に経験した大人の患者二例と神経学的にはひじょうに類似しているものですから、これはたいへんなことが起きているというので水俣保健所に届出したのが五月一日。しかも、同様の患者が漁民家族に多発していると知って、現地調査が始まります。

D：はい、部分的にはわかりました。

E：熊本保健科学大学のEです。ありがとうございました。病名の話がありましたので一つお尋ねしたいのですが、一九六八年九月、熊本日日新聞に政府見解に関する報道があったときに、もと第一内科にいらした勝木司馬之助先生（当時は九州大学医学部）が〈水俣病〉の命名者というかたちで談話が掲載されていまして、それには回想として、「私は委員会にはかったすえ、水俣病と命名した」というふうに書かれているのです。同じ第一内科にいらした岡嶋先生と徳臣先生に私がおたずねしたら、話し合いでそう決まったとうかがっていて、それに関して何かご存知のことはおありでしょうか。

富樫：それはたぶん第一内科の内部の話だろうと思います。研究班全体として病名について協議をして、これから〈水俣病〉と呼ぼうとした形跡はないように思います。実際に論文を見ると、さきほど報告したように、バラバラなのです。わりと早くから〈水俣病〉という病名に切り替えた第二病理学教室のようなところもあるし、おそくまでそれを使わない教室もある。武内さん自身が書いておられるけれど、研究班でこうしようと決めたわけではない。いつの間にか、マスコミを含めて「水俣奇病」という言葉をやめて〈水俣病〉に変わっていった。それが、〈水俣病〉に変えた一つの動機だったと言っていますね。可能性としては、武内さんが提案して一時使っていた「ハンター・ラッセル症候群」という病名だってありえたわけでしょう。そうではなく〈水俣病〉としたのはなぜかというのは非常にあいまいです。少なくとも医学的にきちんと議論して、〈水俣病〉にした形跡はありません。

三　認定と診断はまったく違う

今日は〈水俣病〉の認定問題がテーマです。認定問題については、くり返しいろいろな機会に話をしたり論文を書いたりしてきていますが、今回こういう機会が与えられて、あらためて最初から整理し、考えてみることができました。そして、自分自身でも多少新しい気づきといいますか発見といいますか、そういうこともありました。

いま、熊本県の〈水俣病〉認定行政は相当ひどい状態にあると見ています。まず、ずいぶん長期にわたって認定業務をやめてしまいました。やめた期間が相当長かったですね。その間、国の審査会があるから、そちらで審査を受けてください、というようなことを熊本県知事はいい続けてきたわけです。こういう不作為状態は、かつて川本輝夫さんが認定不作為違法確認訴訟という訴訟を起こして、これが明確に違法であるという熊本地裁の判決を勝ちとっているわけですが、つい最近まで認定業務を完全に棚あげして頰かむりしてきた熊本県の姿勢は法律上まったく許されないことなのです。

そして、ようやく認定業務を再開したと思ったら、久しぶりに〈水俣病〉と認定をされた人が一人出ましたというので、新聞やテレビでもけっこう大きく報道しておりました。〈水俣病〉と認定された患者は一人だけで、それ以外の人たちは全部〈水俣病〉ではないとして棄却されている。この点に、すでに〈水俣病〉認定をめぐる病根の深さが表れていると、わたしは感じます。それをみなさんにも感じてもらうためには、〈水俣病〉認定制度のこれまでの経過や問題点について、相当勉強してもらう必要があると思います。

1　椿忠雄氏への公開書簡をめぐって

お配りした資料は、私の『水俣病事件と法』(一九九五)という論文集からコピーしたものです。「認定は診断ではない——椿忠雄氏への公開書簡」です。これは冒頭に書いてありますように、法律雑誌として著名な「ジュリスト」という雑誌の一九八六年八月一-一五日号に掲載された鼎談「医学と裁判——水俣病の因果関係認定をめぐって」にある椿さんの発言に異を唱えて公開書簡を出したものです。これは当時、熊大医学部の「医学部新聞」という、学生がつくっている新聞——当時は、各大学にそういうものがあったようでありまして、熊大医学部の学生も「熊大医学部新聞」というのを出していたわけです。その担当の学生が訪ねてきて、〈水俣病〉について何か原稿を書いてもらえないかという依頼をされたわけです。そのときに、最近「ジュリスト」を読んで非常に腑におちない問題があるので、その発言者である新潟大学医学部教授の椿忠雄氏に対する公開書簡なら書いてもよいと言ったら、ぜひそれを書いてくださいということで書いたのが、この短い文章です。

これを新潟大学の椿さんのところにも学生が送りましたら、椿さんが烈火のごとく怒って電話してきて、次の号には反論を書かせてくれと。あとで椿さんが書いた反論を学生が持ってきましたのでさっそく読んでみました。それは、熊本大学に富樫という法律学者がいて、医学のことなど何も知らない、まして〈水俣病〉のことなど何もわからない、そういう者が〈水俣病〉について、しかも医学の専門家に向かって批判的なことを言うのは許せない――というような内容だったと記憶しています。

これが一九八六年でありまして、ちょうどいまから三〇年前です。しばらくぶりにこれを読み直してみたのですが、わたし自身は三〇年前の自分の文章を現時点で訂正する必要はまったくないと感じました。今でもこれはそのまま〈水俣病〉の医学者に当てはまるのではないかと思っています。

椿さんは、東京大学医学部の助教授から新潟大学医学部の神経内科教授になられ、そこで新潟〈水俣病〉にぶつかるという経過をたどりました。日本の神経内科学を代表する高名な学者の一人でありまして、とくに〈水俣病〉の臨床に関しては日本でも最高の権威と医学界でみなされていた方です。椿さんは、私のみるところ新潟〈水俣病〉の発見者でもあるわけですが、初期には非常によい仕事をしておられたと思います。ところが、一九七三年にいわゆる第三〈水俣病〉事件というのが起こりまして、それから状況が大きく変わっていくわけです。第三〈水俣病〉事件において、椿さんは医学者として火消し役を託されるわけです。そのころから、われわれが見るところ、椿さんはだんだんまずい方向に変わられたという印象を持っています。たぶん、一九七三年の前後で椿さんが一貫して変わっていない点があるとすれば、〈水俣病〉認定というのは医学上の診断であるという確信を持っておられて、これは終生変わらなかったと思います。これは、あとから詳しく申し上げますが、認定ということがまったく理解できていないのです。認定は診断であるという考え方は、とんでもないまちがいです。ところが、これは椿さんだけではなく、認定に関わる日本の医学者に共通した誤った考え方です。

「ジュリスト」の座談会を見るとよくわかりますが、この方は認定申請をする患者に対してひじょうに不信感を持っています。医学上〈水俣病〉と診断されることはたいへん不幸なことだ、できたらそうでないことを願うのが人間として普通だと思うのだが、どういうわけか認定制度の中ではたくさんの人たちが、〈水俣病〉と認定してくれと求めてくる。椿さんに言わせると、これは信じがたいことだという、まずそういう偏見があります。

認定申請があると、審査会にまわされていろいろな検査や検診を受けるわけですが、とくに椿さんが問題にしているのは感覚障害です。感覚障害は、細い針で手先、足先、口のまわりなどを刺してみて感じるか感じないかをみる。感覚障害があると、刺されたという感覚がにぶくなるのです。椿さんが問題にするのは、触って感じるか感じないか、痛いか痛くないかというのは、検査を受ける患者の反応としてしかつかまえようがない。かりにその認定申請者がほんとうは感じているのに、「何も感じません」と答えたとしても、医者としてはウソをいっているかどうかを見破ることができないというのです。感覚障害の診断にはそういう問題があると。これはある意味ではニセ患者発言につながるような問題発言です。

検診のときに強く刺されて、出血したというひどい例もたくさん聞いています。けれど、そんな必要はないわけですよ。もともと軽くさわって感じるか感じないかという検査なのですから、針をぐっと刺して血が出るようなことは医学的な検査に値しないわけです。「まだ感じないか」というのが行きすぎると、血が出るまで刺してしまうこともあるわけですね。そういう例もたくさん聞いています。

また、検診のときに検診医が座っていて、そこに認定申請者が入ってくるわけです。床に一本のテープが張ってあるところを歩かせて、よろよろしないでちゃんと歩けるかどうかということを見たりしますが、検診の部屋によろよろと入ってきた患者が、検診が終わって「帰ってよい」と言われたら喜んで、さっきまでまっすぐ歩けなかった人がスッスッと歩いていく。そうすると、さっきのテストでよろめいたのは何だったのか、あれはウソではなかったのか、というところまで疑いがいってしまうのです。ここには、状況に応じて変動するという高次脳機能障害としての〈水俣病〉特有の問題が背景にあるとみる専門家もいます。

いずれにしても椿さんの考え方は、感覚障害というのは客観的に診断できない。検診医が触れてみて、患者側のレスポンスをみて、はじめて感覚が鈍っているかどうかを診断せざるを得ないので、そこにひじょうに問題があるというのです。つまり椿さんはじめ認定にかかわる医学者たちが口にするのは、患者側にウソをいう機会があるということです。たとえば、神経内科の教授として週に一回か二回、大学附属病院で患者を診察する機会があったと思いますが、そういう日常の診療の場においても感覚障害のテストをやっているはずです。そのときに医療現場で医師たちが、はじめからそういう疑いをもって感覚障害のテストをしているとは思えない。おそらく患者の、何も感じないという反応をそのまま受けとめてカルテに書いているはずです。ところが、認定業務の一環として検査に当たるときにはそのスタンスがまったく変わってしまうのです。椿さんの話している内容を見ると、認定審査の現場で椿さんが感じる患者に対する疑いというのは、おそらく一人の医師として診察の現場では絶対に感じないものだと思います。なぜかというと、結局、補償とからむからです。〈水俣病〉に認定されたら、最低でも一六〇〇万円の補償金が出る。そういうこととからんでくる。検診する医者自身がそんなことを意識してはだめなのですが、意識してしまうのです。そこからそういう疑念が出てくるのだと思います。

その後三〇年経過していますが、こういう状況は基本的には何も変わっていません。なぜ三〇年前と変わっていないのか、そのことを理解するためには少し勉強してもらわなければなりません。

2　見舞金契約からはじまる認定の歴史

〈水俣病〉の認定制度は、一九五九年一二月の見舞金契約から始まります。ずいぶん長い歴史があるわけです。見舞金契約は、認定審査会が〈水俣病〉と認定した者に対して、チッソが見舞金を支払うという内容の契約でした。なぜ、一般の開業医が検査や診察をして、この人には感覚障害がある、あるいは運動失調があると診断して診断書を書いただけではだめなのか。これはたぶんチッソから要求したものだろうと思います。要するに普通の医療のように一人の開業医が、この人は〈水俣病〉だというのでは困ると。チッソとしては、もっと権威ある機関が〈水俣病〉だとしたものにしか見舞金は払わないという、基本的にそういう考え方が根底にあるのです。それで、チッソからそういう審査機関をつくってくれという要望が出て、見舞金契約に盛りこまれたのだと思います。当時は、細川先生はじめ臨床疫学的な調査にあたった人たちが中心になって、最初の審査会ができるわけです。これは契約上の私的な認定制度ですね。国の法律の裏づけはない。そういう認定制度、要するに見舞金の受給資格者を決定するための認定制度というのが、〈水俣病〉認定のスタートです。

それが変わるのは救済法からです。これは一九六九年一二月にできた法律で、「公害に係る健康被害の救済に関する特別措置法」といいます。被害者が加害企業を裁判に訴えて勝訴すれば損害賠償が得られるわけですが、そのためには三年、五年という長い時間をかけなければいけないし、その間にものすごい苦労が必要です。それまでの間公害被害者を放置しておくのは、公害基本法上も許されないということになって、この救済法ができるわけです。加害者が法的に決定しなければ補償金は出せないわけで、それが決まるまでの間、当座の医療費だけは国の予算で出してあげようということでできたのが救済法です。その医療救済を受ける資格があるかどうかを決めるために、このときにはじめて国の制度として「水俣病認定制度」が発足するわけです。法律ができたのは一九六九年一二月ですから、年があけて七〇年から実際に動きはじめました。そのとき最初に救済法の認定申請をしたのが、川本輝夫さんのグループです。

これが救済法上の認定制度でありまして、しばらく続くわけですが、数年後、「公害健康被害補償法」(公健法)という法律が新しく制定されます。裁判は時間がかかるし、だれもが裁判を起こせるわけではない。その間は医療救済だけでは、やはり不十分だという議論が起きて、訴訟によらずに公害被害者に補償給付する制度をつくるべきではないかというので、一九七三年に公健法ができます。これによると、被害者が〈水俣病〉と認定された場合には、補償給付が受けられる。簡単にいうと、医療費だけではなく、プラス補償金も出るという制度に変わったわけです。そして補償給付などを受ける資格があるかどうかを決めるために、ここでも認定制度が必要になってくるのです。

これが認定制度の歴史でありまして、国の法律に裏づけられた認定制度は一九六九年以降ですから、そんなに長くないのです。それまでは、もっぱら見舞金契約にもとづいて、〈水俣病〉認定制度は機能していたのです。私的な認定制度と国の法律に裏づけられた認定制度では、制度的にはまったくちがいます。ところが、中身は一貫して変わらないのです。そのことを見るために、認定基準の明文化にいたるまでの道のりをたどってみます。

3　認定基準の明文化にいたるまで

(1)熊本と新潟における認定基準の違い

熊本の第一〈水俣病〉が先行して、第二〈水俣病〉とよばれる新潟〈水俣病〉が一九六五年に発見されるわけです。認定制度との関係においては、当時、鹿児島県内の被害者の認定申請も全部熊本県が扱うというように、熊本に一本化されていました。申請者が増えたため後に分かれて、熊本県と鹿児島県がそれぞれ認定審査会をつくります。熊大医学部の専門家を中心に認定審査会が作られ認定審査をしていましたが、当時は明文化された認定基準はないのです。これは新潟も同じです。では、何を基準として〈水俣病〉と認定していたかというと、熊本の場合には「ハンター・ラッセル症候群」です。その中身である運動失調は、まっすぐに歩けない、よろけるというような症状です。求心性視野狭窄は、竹筒から向こうを見ているような、周辺の視野が落ちて中心部にわずかに残っているだけで、そばに誰かがいても全然わからない。構音障害は、みなさんも重症の〈水俣病〉患者にお会いしたとき、言葉がひじょうにはっきりしない、一生懸命話してくれるけれども何をいっているのかよく聞きとれないという経験をしていると思いますが、あれが構音障害です。これらを〈水俣病〉の主症状として考えていて、こういう症状がそろっていないと認定の対象になりませんでした。ですから、認定患者の数は非常に少ないのです。一九六九年にいわゆる訴訟派の患者家族がはじめて裁判を起こします。二八世帯でしたが、その当時の認定患者の数はわずか一一六名です。いまでは信じられないぐらい少ない。

他方、一九六五年に新たに発見された新潟〈水俣病〉の場合、認定基準はここでも明文化されていませんが、椿先生たちの論文などからわかります。阿賀野川をさかのぼって六〇km ぐらい上流に昭和電工の工場があって、そこではチッソ水俣工場と同じ工程でアセトアルデヒドを製造していて、その時に出る廃液を無処理で阿賀野川に流していました。新潟〈水俣病〉で最初に発見された患者たちは、阿賀野川の下流地域にほとんど集中していたので、新潟大学医学部の先生たちは下流地域を集中的に調査していますそのうちに、中流域にも患者が出てきて、最終的には工場の真下まで調査が及びます。

患者発生地域を調査した新潟大学医学部の人たちが重視したのは、住民の毛髪水銀値です。最初は下流域に限定してですが、漁民家族を中心に徹底した臨床疫学的な調査をしまして、そのときに毛髪を採取して水銀値を出しています。その結果五〇 ppm 以上の毛髪水銀値の人は〈水俣病〉の可能性が高いというデータを得ました。主な症状は、感覚障害と運動失調がほとんどです。熊本で重視された求心性視野狭窄は新潟の認定患者にはほとんど見られないのです。構音障害も、新潟では割合少ない。同じ原因物質から起きた〈水俣病〉ですが、熊本と新潟では実質的には、これほど症状がちがっていたのです。いずれも明文化されていない認定基準によって認定審査が行われたために、あとから結果的にそういうことがわかってくるのです。同じ〈水俣病〉といっても、熊本と新潟では認定基準に大きな差があったことがわかると思います。これは、統一する必要がある。同じ救済法という法律によって審査を行っているのに、熊本と新潟でモノサシが全然違うというのでは同じ法律の解釈としては不統一でおかしいでしょう。その点について再検討のキッカケをあたえたのが、川本輝夫さんたちがはじめた行政不服審査請求の闘いです。

（2）環境庁裁決と事務次官通知（一九七一）

救済法ができた直後、一九七〇年に川本さんたちは救済法にもとづく認定申請を行います。ところが、ほとんどが棄却されます。というのは、川本さんたちは、いわゆる軽症患者というくくられかたをする患者であって、当時熊本の審査会が重視していた求心性視野狭窄や構音障害はほとんどなかったからです。出ている症状としては、感覚障害と比較的軽い運動失調でした。当時の熊本の審査会では、これは〈水俣病〉ではないとされて、アッという間に棄却されます。それに納得いかなかった川本さんたちは、〈水俣病〉ではじめて、認定申請の棄却処分はまちがっている、もう一度審査しなおしてほしいと申立てたのです。六九年以降の認定制度は、県知事が認定するか棄却をするかという権限をもっています。その結論に対しては、行政不服審査法という法律が適用され、知事の行政処分に対して納得がいかなければ、この法律にもとづいて上級官庁に審査請求ができる。救済法は国の法律でありまして、それを県知事が執行しているという形になるのです。当時は厚生省が上級官庁で、その指導を受けて県知事が執行するわけです。県知事が誤った処分をおこなったということになれば、もう一度審査しなおすように厚生大臣に対して申し立てができるのです。それが行政不服審査という制度です。川本さんたちは、それを使って認定制度に対する闘いを起こすわけです。

当時、私も川本さんを支援しましたが、なかなかたいへんな作業でした。川本さんらは、一九七〇年六月に認定申請を棄却され、その年の八月に行政不服審査請求をしました。その後、行政組織が変わりまして、所管が厚生省から新しくできた環境庁になりました。環境庁ができたのは一九七一年です。環境庁の設置とともに不服審査の権限が、厚生大臣から環境庁長官に移管されて、川本さんたちの行政不服審査請求については環境庁長官が審査して裁決することになりました。一九七一年八月に環境庁裁決が出たのですが、これは川本さんたちの訴えを全面的にみとめた画期的な裁決でした。川本さんたちを〈水俣病〉ではないとして棄却した熊本県知事の処分は違法であるから、もう一度審査し直せという結論です。

同時に環境事務次官通知が出されました。それまで認定基準が明文化されていないために熊本と新潟で不統一な認定基準が使われていたのですが、これを国の責任において統一する必要がありました。ここではじめて「水俣病認定基準」が明文化されたのです。ところが、この一九七一年の認定基準はたいへんな騒ぎをひき起こします。三つほど問題点をあげてみます。

① まずマスコミの対応です。当時の新聞、テレビの見出しは、例外なく「疑わしきは認定」でした。川本さんたちの主張を認めた環境庁裁決は、要するに医学的に少々疑わしい患者であっても認定すべし、という趣旨のものであると。このような受けとめ方は大変問題だったと思います。当時のマスコミは、ほとんど例外なしにこういう見出しをつけて報道しました。その結果、〈水俣病〉の可能性が四〇%しかないような者も認定される、という誤解をひき起こしていくわけです。

② つぎに、認定患者に対して見舞金を支払う義務を負っているチッソの対応です。基本的にはマスコミと一緒ですが、十分な医学的根拠を備えていない患者も〈水俣病〉と認定するということですから、これは従来の「旧認定」の患者と同一に扱えない。補償が問題になった場合にも、新旧の認定で区別しなければいけないということを、チッソは堂々といい出すわけです。これは後々までずっと尾を引く問題です。

③ 環境庁裁決と事務次官通知の、直接の宛先は熊本県知事ですが、実際には県知事が任命した認定審査会が審査して結論を出すわけです。知事は、審査会の答申を受けてそのまま認定か棄却かを決

定していくわけでして、審査会の結論に知事が裁量をくわえることはありません。それは当時から知事が明言しています。だから、実際は認定するかしないかは審査会が一〇〇％決定権を持っているわけです。熊本の公害被害者認定審査会の会長は、熊大医学部第一内科の教授であった徳臣先生でして、当然県の役人から、新しくでた環境庁裁決と事務次官通知を解説してもらったはずです。その解説をきいた徳臣さんは、自分にはなにを言っているのか理解できない、もしこれが新しい認定基準で、いままで自分たちがしてきた認定審査をやめて事務次官通知で示された基準で審査しろというのなら、そのような審査はできない、と。そして、会長をやめると言い出したのです。これは当時の新聞をみても、大騒ぎになっています。徳臣さんが審査会の会長をやめると言ったら、ほかの委員もみんなやめると言いはじめるわけです。そうすると、審査会は成り立たない。それで当時、環境庁から担当課長が飛んできて、あらためて事務次官通知の趣旨や内容を説明して説得にあたるわけですが、結局うまくいかない。最終的には、環境庁が解説書を用意して、それにしたがって認定審査をしてくださいということになるのです。結局、徳臣審査会は解散に追いこまれます。そして、当然のことながら新しく熊大医学部から審査委員を選んで、審査会を発足させることになりました。この審査会は、新しい認定基準にもとづいて審査を行い、結果として、ものすごく認定患者が増えていくわけです。

一九七一年認定基準は、非常に読みにくい文章ですが、要点はこういうことです。〈水俣病〉認定は、医療行為としての診断ではなく、救済法にもとづく医療救済の前提としておこなうもので、医療救済を受ける資格があるかどうかを決めるのが認定だということを明確にしています。

二番目はとくに重要です。〈水俣病〉は、チッソ水俣工場から流れでたメチル水銀が魚介類を汚染し、その魚介類を食べた人たちに発症するわけですから、水俣工場からのメチル水銀の排出と、汚染地域に住んで主に魚を通して〈水俣病〉の症状をもつ人たちの間の因果関係が重要だ。したがって、同じ感覚障害を訴える患者がいたとして、チッソが流したメチル水銀との関連が証明できないということであれば、〈水俣病〉とは言えないわけです。しかし、患者の症状とメチル水銀排出との因果関係が認められるかぎりは、たとえ症状としては感覚障害しかないというケースであっても、〈水俣病〉の可能性は否定できないわけだから、それを排除してはならないというわけです。いま考えると、一九七一年の次官通知が示した認定基準は、救済法の解釈としてきわめてよく考えられた内容で説得力があります。

認定審査会が組みかえられ、新しい認定基準が実質的に動きだしたら、それまでは認定される患者は最大でも一年に四~五名で、一名も認定されていない年が三年、五年とつづいたこともあります。それぐらい〈水俣病〉の認定はきびしかったのです。そのころの認定審査会の中心は第一内科の徳臣先生たちだったといってよいと思います。それが審査会をやめて、病理学や神経精神科の先生たちが中心となって新しい審査会が動きだしたわけです。その結果、ものすごく認定患者が増えていきます。そこへもってきて一九七三年、いわゆる第一次訴訟の判決が熊本地裁で出ます。七三年三月二〇日に判決が言い渡たされましたが、これは患者側全面勝訴の判決だったのです。ABC三つのランクに分けて、症状の重い患者がAランクで一八〇〇万円、Bランクが一七〇〇万円、一番軽いCランクでも一六〇〇万円という、いまから考えるとこれは決して高い金額ではないけれど、当時としては画期的な判決でした。

この判決は潜在患者にひじょうに大きな希望をあたえまして、一九七三年に入ると認定申請者が急増しました。一九七二年の秋頃から、第一次訴訟は患者側が勝訴するであろうということが予想されていて、それと新しい認定基準で認定される患者が増えるということもあって、判決前から認定申請が増えていくのです。統計を見ると、毎月数十名単位で認定申請が増えていく。それまでは年に数名しか認定申請してないのです。申請してもなかなか認定されないので、認定申請自体が減少していたわけです。一九七六年から七七年にかけて状況は一変し、認定審査会は完全にパンク状態になります。それまでは〈水俣病〉の研究が長く審査の経験もあるというので、鹿児島県の分もふくめて熊本県の審査会で審査、認定していた。認定審査会の委員はそれぞれ医学部での研究・教育の仕事がありますので、審査会をそんなにひんぱんには開けない。通常年に二回、それから四回に増やし、さらに二カ月に一回ぐらいにだんだん増やしたけれど、とても対応できず完全にお手あげでした。それほど認定申請者が急増したのです。とくに熊本地裁判決が出た七三年以降は、それがはっきりしてきます。多いときには月に数百人単位で認定申請が殺到しました。これは熊本県としては、とても対応できない状況でした。応急策として、認定審査会を熊本と鹿児島の二つに分ける。また、認定審査会を毎月開催するように、医学部の先生がたにお願いしてやってもらうわけです。それでも、とても対応できない状況になっていきました。

その結果、一九七四年から七五年にかけては、認定不作為という状態が発生します。認定申請したけれど、何年先になったら審査をうけられるのか、まったく見通しが立たないという状態が生じたわけです。そして、この状態は違法ではないか、法律上許されないのではないかということに気がついたのが、川本輝夫さんでした。六法で調べたら不作為違法確認訴訟という裁判をおこせそうだと気がついて、私らのところに相談にみえたのです。そして、熊本県知事を被告として、〈水俣病〉認定不作為違法確認の訴えを起こした。認定待ちの人々が、何百人とたまっていて、何年先になったら審査を受けられるのか、行政自身まったく見通しが立たないのです。それを法的に問題にしたのが川本さんでありまして、熊本県知事を被告として、熊本地裁に認定不作為違法確認訴訟を起こしたわけです。これは県側の完敗でした。一時は認定申請者が五〇〇〇人を超えたのです。この人たちは、いったい何年先になったら認定されるかどうかの結論が出るのか、まったく見通しが立たなかった。これはまさに違法状態です。国の法律で、認定されればこういう救済が受けられると約束しているのに、それをまったく実行できないのですからとんでもない話です。この判決に対して、熊本県知事は、これ以上争う余地はないと判断して、控訴しませんでした。熊本地裁の判決がそのまま確定したのです。

(3)「判断条件」(一九七七)という名の新認定基準

熊本県としては、このままで違法状態をつづけるわけにはいけません。それで、国に対して新しい認定基準をつくってほしいと働きかけます。一九七一年の認定基準はそれなりに受けとめてはいるけれど、あれでは迅速な認定審査はむつかしいから、もっと迅速に審査ができるような基準を作ってほしいと何度も陳情するのです。環境庁としても、認定不作為という違法状態をいつまでも放置できないというので、ようやく認定基準を再検討するということになっていきます。その際、環境庁は、新潟大学の椿さんと相談するのです。環境庁としては、七一年の認定基準を見直すためには医学の専門家の協力を得ないと見直しできないので、椿さんに座長になってもらって「水俣病に関する医学専門家会議」をつくり、そこでご検討いただきたいとおねがいしたわけです。こうして、医学専門家会議が開かれるのです。メンバーは椿さんが選んだのですが、そのなかで〈水俣病〉に関する神経内科の権威といえるのは椿さんだけです。結局、座長である椿さんから「こうしたらどうか」と提案してそれを承認するという会議でした。こうして、椿さんが原案として提案したものが、のちに「判断条件」という名の認定基準になっていくのです。

この「判断条件」は椿理論そのものでして、特徴の第一は症候論（現象論）レベルの認定基準であり、メチル水銀の排出とそれによる健康被害の発生という因果関係を問わないのです。第二に、認定基準を診断基準とみなす誤った見解に基づいているということです。

椿さんは、症状を「症候」という言いかたをするのですが、症候レベルの認定基準――手がしびれる、足がしびれるというのは全部患者にあらわれる現象です。その現象面だけをとらえて〈水俣病〉かどうかを判断するという発想なのです。だから、この「判断条件」では、メチル水銀の排出とそれによる健康被害の発生という因果関係はまったく問題にしません。椿さんが強調しているのは、感覚障害は他の病気でも起こりうるから、感覚障害という症状だけでは〈水俣病〉かどうかは判断できない。したがって、感覚障害だけの患者は〈水俣病〉と認めることはできない。プラスアルファがなければだめだと。たとえば、感覚障害プラス運動失調。新潟の患者にはそういうケースが圧倒的に多いのです。そういう患者は、一〇〇％とは言えないかもしれないけれど、ほぼまちがいなく〈水俣病〉と診断できるという。「判断条件」はそういう発想で作られています。感覚障害はほとんど必発の症状とみて、さらにもう一つの症状があれば〈水俣病〉と認めるというのが、この「判断条件」の基本的な仕組みです。

これを環境庁に提出したところ、環境庁はそれを新認定基準と定めて関係都道府県に通知しました。これがおどろくほどの効果を発揮するのです。

さっき述べたように、一番多いときには五〇〇〇人を超える認定待ちの申請者がたまっていました。行政は、「滞留申請者」などという名前をつけていました。これをどう審査し結論をだすのかと見ていたら、アッという間に処理されていったわけです。ほとんどが申請棄却です。新しい「判断条件」に照らして認定の条件をみたしていないと。しかもその判断は、かなり機械的におこなわれたようです。違法とされた不作為状態を解消するための武器としてこの「判断条件」は、たいへん威力を発揮したのです。二年かそこらのうちに、五〇〇〇人以上いた認定申請者がいなくなってしまいました。〈水俣病〉と認定されたのはごく少数で、ほとんど棄却です。これが「判断条件」の現実的な機能で、おそらく環境庁が期待した以上の効果を発揮したといってよいと思います。しかし、被害者サイドから見れば、これが法律にもとづく認定と言えるのかという、大きな疑問が出てきたのは間違いありません。

(4)〈水俣病〉認定に関する最高裁判決(二〇一三・四・一六)

〈水俣病〉の認定問題は、一九七〇年以降長いあいだ争われてきました。

裁判でもこれまで何度か〈水俣病〉の認定問題が取りあげられています。とくに被害者救済という視点から、現行の認定基準は厳しすぎるのではないかということが議論されてきました。しかし、いずれも損害賠償訴訟の一争点として争われたもので、主要な争点として裁判所の判断を求めたものではありません。救済法や公健法に基づいて、認定処分の権限をもつ熊本県知事に対して認定の義務づけを求めた溝口訴訟ではじめて、最高裁が〈水俣病〉の認定問題を真正面にすえて判断をくだす機会が訪れたのです。

二〇一三年四月一六日の最高裁判決を要約してみます。まず、①認定は医学上の診断とは異なる、救済法などの法令にもとづく行政処分であるということを明確にしています。そして、②認定で重視すべきは、申請者の具体的な症状と魚介類に蓄積されたメチル水銀との間の個別的因果関係だから、認定作業の中でもっとも重要な作業は因果関係の有無の判断である。因果関係については、だいたい七〇~八〇%程度の証明で十分であり、かならずしも一〇〇%の証明は必要ないのです。それもありとあらゆる状況証拠を総合してその程度の判断ができれば法律上は十分とされているのです。そして、③たとえば、申請者が感覚障害を訴えていて、それが諸般の事情からみて、どう考えてもチッソが流したメチル水銀の影響だと考えざるをえないと判断できれば、たとえ症状が感覚障害一つしかなくても〈水俣病〉であることは否定できない、というのが最高裁判決の一番重要な点であります。これは、かならずしもきちんと理解されているとは思えないのですが、大変重要な判断でありまして、しかも説得力のある判断だと思います。

(5)最高裁判決に対する環境省の対応(新通知)

二〇一三年の最高裁判決は、一九七一年の事務次官通知と基本的考え方は同じです。それに対して一九七七年、椿さんを中心につくられた「判断条件」――これが現在の認定基準になっているわけですが――これは七一年の事務次官通知、最高裁判決の路線とはまったく違う考え方で作られています。いずれにしても、こういう最高裁判決が出ましたので、行政としては何らかの対応措置をとらなければいけない。それで出てきたのが「新通知」というものです。あらためて説明するまでもないと思いますが、日本は法治国家ですから、国会で制定された救済法、補償法などの法律についても最終的な解釈権は最高裁にあります。行政解釈というのは一時的なものであり、最終的には裁判所、とくに最高裁の判断が決め手になるわけです。それが法治国家の原則ですから、環境省も最高裁判決に対応せざるをえないので「新通知」を出したわけです。

「新通知」によると、判決は「判断条件」をかならずしも否定していない、だからこれを変える必要はない、ということを強調しています。ただ、「判断条件」に合致しない例外的なケースについては、因果関係の有無を個別に判断する必要があるから、そのための具体的な要件を「新通知」で定める、という内容です。重要なのは、司法は「判断条件」を否定していないと強調している点です。最高裁判決は、原則と例外という考え方をしています。原則として、すべての認定審査にあたって因果関係の有無を調べるようにと最高裁は求めているのです。これに対して「判断条件」は因果関係抜きの現象論です。A、B、Cという症状（症候）が現象として出てきます。一つだけでは〈水俣病〉とは言えないけれど、二つ以上の症状がそろえば〈水俣病〉といえる――簡単にいえば、「判断条件」はそれだけの内容なのです。最高裁と同じような考え方で、一つひとつ丁寧に因果関係を判断していたら、時間がかかります。一つのケースについてあらゆる状況証拠を集めてきて、因果関係を判断しなければいけないわけですから。とにかく、五〇〇〇件以上の滞留申請者たちをはやく処理して違法状態を解消するというのが、当時の行政に課された最大の課題だったと思います。そうするには、いちいち因果関係を判断してはいられないというので、「判断条件」が出てくるわけです。これは簡単です。一＋一＝二というような公式でもって、どんどん結論を出していくことができるわけですから。

しかし、何千人という認定待ちの患者をかかえているという異常状態のときには、こういう便宜的方法もそれなりに説得性がある、と最高裁は言っているのであって、通常の場合にこれでよいとは言っていません。通常は、因果関係を重視して、一つひとつ個別に判断しなさいと判決は言っているのです。ところが、環境省はそのようには受けとらない。最高裁は「判断条件」を否定していないということを、鬼の首でもとったように強調しているわけです。これは、最高裁判決の読み方としても誤っています。こういう勝手な読み方が行政に許されるとするなら、日本はもう法治国家といえなくなります。行政が最高裁の判断に従わないわけだから。そういう大きな問題を「新通知」はかかえています。いずれ訴訟でまた最高裁の判断をあおぐというケースが出てくると思いますが、そのときには「新通知」が俎上にあがり、それが二〇一三年の判決をふまえていないことは明白ですから、最高裁で排斥される可能性がきわめて大きいと私は考えております。

4　質疑応答

司会：それでは、これから質問とディスカッションに入りたいと思います。きょうは、「水俣病認定制度と医学の役割」ということで、お話いただきました。ここで、質問を受けたいと思います。

A：非常にわかりやすかったのですが、私が無知だからかもしれませんが、新潟〈水俣病〉の初期には先生がおっしゃったように、五〇ppm以上の毛髪水銀値をもつ人は、感覚障害だけで認定されたと聞いています。それなのに、七七年のときは、それではだめと言うのはなぜでしょうか。

富樫：新潟の弁護士や患者たちからそれは聞いています。最初に新潟〈水俣病〉の被害者を発見したのは主に阿賀野川の下流の地域ですが、なかには感覚障害——もちろん毛髪水銀値は五〇ppm以上あったということですが、症状としては感覚障害しかない人もかなり認定されています。それが七七年の判断条件では変わってしまうのです。椿さんは、新潟では疫学調査の中心であったし、認定審査会の会長です。そういう方が臨床症状としては感覚障害のみの人たちを何人認定したかという数字までは記憶していませんが、とにかく一人、二人ではない人たちが感覚障害だけで認定されています。それがなぜ「判断条件」ではがらりと変わってしまうのか。認定において、一番重要になるのは患者の症状と工場排水との間に因果関係があるかないかです。われわれ法律の専門家にとっては常識なのですが、ここに原因があってこういう結果が生まれる――〈水俣病〉で言えば、チッソがメチル水銀を流した結果、魚が汚染され、それを食べた患者にさまざまな症状が出てくるという、原因と結果――これを法律上どうやって判断するかというと、条件説というのが通説なのです。

条件説というのは、英語で言うと"if not"という発想をするのです。もし、チッソがメチル水銀を流し、海と魚を汚染しなければ――これが "if not" です――はたして魚を食べた住民に感覚障害などの〈水俣病〉の症状が出たであろうか。"if not"というのは仮定の問いです。そして、もしチッソがメチル水銀を工場排水として流さなければ、これほど海の汚染が広がり、魚が汚染され、それを食べた人たちにこのような症状が出るはずがないという判断ができれば、法律上は因果関係ありと判断するのです。因果関係ありという判断はだいたい七割から八割程度の確実性があればよいというのが法律上の定説です。因果関係を判断するには、いろいろな状況証拠を使います。たとえば、どの地域に住んでいて、どのような魚を食べていたか。家族やとなり近所にそういう患者がどれだけ発生しているか。漁民集落ではネコがバタバタ死んでいる。そういうことも全部因果関係の判断に入ってきます。だから、法律上の因果関係というのはもろもろの状況証拠を考慮にいれ、"if not"の問いをたてて結論を出すという、ある意味ではひじょうに常識的な判断なのです。

認定という仕事でも、ここが一番肝心です。われわれ法律家は、そういう因果関係の思考パターンになれています。ところが、医学部ではそういう訓練はしない。だから、椿先生、徳臣先生のような医学の先生たちは、われわれが因果関係を判断するような訓練をまったく受けていないし、理解できないと思います。"if not"という発想で、しかも状況証拠をたくさんならべて、最終的に肯定的な結論が出れば因果関係ありと判断する、そういう仕組みが全然わからないと思います。

有馬：その問題は、ひとつはこういうことも考えられないですかね。新潟で調査したときには、毛髪水銀を測っている。だから、メチル水銀汚染がまずあって、それで症状をしらべているわけです。五〇ppm以上、たとえば二〇〇ppmとかあった人が感覚障害しかなくても、これは明らかにメチル水銀の影響だから、〈水俣病〉と診断しているのです。ところが、「判断条件」が作成されたときの状況は、椿さんは考えを変えているわけですよ。次善の策として症状だけで判断せざるをえないときに、感覚障害プラスアルファーで考えれば確実な診断が得られ、医学者としての責任も果たせるという心理が働いたということはないですかね。

富樫：あとから結論として申しあげますが、〈水俣病〉の認定において医学がはたす役割は本来限定的なのです。ところが、医学がオールマイティになってしまった。椿さんたちの話を聞いていると、〈水俣病〉かどうかは医学の専門家しか判断できない、素人はだまっておれ、という話になってしまうわけです。ところが、あとで最高裁の判決も出てきますが、認定で一番重要なのは因果関係の有無なのです。メチル水銀の排出という汚染源があって、住民に健康被害をうけた人がいる。その間に常識で納得できるような因果関係があるのかどうかがポイントで、これは医学の判断ではない。そこが〈水俣病〉の認定で一番まちがえた点です。要するに認定問題を医学の専門家に一任してしまったわけです。さっきから言うように、医学部の先生たちは因果関係の判断は理解できないし、やれもしないわけです。そこのところが一番肝心な点です。新潟県の認定審査会はメンバーを変え、それまで医者だけでやっていたのを、弁護士や行政経験者も入れた。認定というのは、病院でやっている診断とはちがうのです。そこがなかなか医学の方たちはわからないのです。認定と診断は同じなのに、なぜ自分たちに任せてくれないのかというのが医学者の発想です。そして、われわれがそれを問題にすると、医学の素人が何をいうかという反応が返ってくる。しかし、認定は救済法や補償法など法律にもとづいてやっている一種の行政処分です。病院で医師が患者を診て、診断する作業とは全然ちがうのです。しかも、認定されたら医療救済を受けたり補償給付をうけたりする仕組みになっているわけだから、治療とは全然関係がないんです。

A：さっき有馬さんがおっしゃったように、毛髪水銀値が高くても感覚障害だけだったら、水銀に曝露されても症状としては感覚障害だけの人もいるというふうにならないのが、不思議なんですけれど。

富樫：毛髪水銀値というのは因果関係を示す事実なのです。これはメチル水銀排出と症状との因果関係を判断する時にきわめて重要な事実なのです。毛髪水銀値が一〇〇ppm以上もあるというのは、メチル水銀に濃厚に汚染されているわけです。濃厚汚染されていて、しかも症状としてはとりあえず感覚障害が出ている。これは〈水俣病〉と言えるかどうかという話でしょう。毛髪水銀値は因果関係を判断するときの重要な指標なのです。ところが、「判断条件」ではそういう話が全部落ちてしまった。毛髪水銀値などどこにも書いてない、書いてあるのは症状の組み合わせだけです。

B：熊日のBと申します。認定基準が明文化される以前の話で、熊本の場合はハンター・ラッセル症候群をあてはめていくようなやり方だったと……。

富樫：まず全体の印象として、熊本の認定患者は重症者にかたよっている。それとくらべると新潟の認定患者は相対的に軽い。また、熊本では胎児性患者がたくさん認定されている。これでも私はごく一部だと思っていますけれど。これに対して新潟では、胎児性〈水俣病〉と認定されたのはたった一人だけ。ものすごい落差があるのです。熊本のように、認定基準として、いわゆる「ハンター・ラッセル症候群」にとらわれるかぎり、重症者しか認定の対象にならないのです。熊本では、運動失調、視野狭窄、構音障害が主要な症状とされ、感覚障害は出てこないのです。つまり、熊本では感覚障害がきわめて軽視されている。「判断条件」もそうであるように、〈水俣病〉のもっとも一般的な症状は感覚障害です。症状としては感覚障害だけなのか、感覚障害プラス運動失調なのかというレベルで議論されています。ところが、「ハンター・ラッセル症候群」を重視した熊本では、そういうレベルの議論はカットされて、異常なほど求心性視野狭窄が重視されてきたのです。

B：一方で新潟は、毛髪水銀値を測り、現地調査をやってそこから認定基準を組みたてていくというやり方だと思うのですが……。熊本と新潟の差の背景にあるものは何でしょう。

富樫：疫学調査を徹底してやったかやらないかですよ。熊本では細川さんたちが初期にやった調査しかないのです。病院の業務が終わってから集中的に病気が発生している集落を一軒一軒回って、患者を発掘して歩いた。本当はあれを汚染地域全部についてやるべきなのです。熊本では、学用患者として三〇数名の重症患者が熊大附属病院に送られてきて、臨床の先生たちはその患者たちを診察して論文を書けばよかったのです。そこが一番大きい問題ですよ。椿さんたちは最初から環境汚染の問題として受けとめ、阿賀野川の下流地域を集中的に調べて歩いたわけです。

毛髪水銀のアイディアは、じつは熊大医学部の公衆衛生担当の喜田村さんが出したと聞いています。ヨーロッパの事例からアイディアを得たと。ナポレオンだったかな、そんな話です。ヨーロッパで毛髪水銀を調べたという事例があって、喜田村さんは、これが〈水俣病〉でも重要な指標になるのではないかと考えたのです。ところが、この方は間もなく神戸大学医学部に移ってしまう。だから、熊本では喜田村さん自身は、毛髪水銀量の調査はしていないのです。それを知っていち早く活用したのが椿さんです。

有馬：その少し前に、熊本県衛生研究所の松島義一と鹿児島衛生研究所の坂田旭の二人が、それぞれ毛髪水銀量の調査をやっています。

富樫：衛研の調査。あれは一九六〇年から六三年の調査ですが、結局、調査結果は公表されなかったし、認定問題にまったく反映されなかった。

有馬：レポートは、出ています。

富樫：とにかく、そのアイディアを考えついたのは熊大公衆衛生の喜田村先生です。それがどういうルートで椿さんのところに行ったかは知らないけれど……

有馬：たぶん、第二の〈水俣病〉事件ということが大きかったと思います。最初の患者は今井一雄さんでしたかね。椿さんは、一つは熊本の〈水俣病〉をみていることと、もう一つは、東大病院で血漿製剤中のエチル水銀防腐剤で中毒を起こした事件があるのです。その中毒患者をみているのです。病理も調べている。それで椿さんは、水銀が原因だというのはわかっていたのです。だから今井さんを診たときに、東大薬学部の星野乙松助教授にすぐ毛髪水銀を分析してくれと送るのです。分析の結果、三二〇ppmあったものですから、これは間違いない、メチル水銀による環境汚染だというところから出発しているのです。

富樫：そういう視点が、同じ椿さんが中心になって作った「判断条件」では完全に脱落していくわけです（笑）。椿さんの考えでも、「判断条件」の中で毛髪水銀値を考慮しなければいけないはずでしょう。

C：〈水俣病〉センター相思社のCです。一九六五年に新潟〈水俣病〉が発生したときに毛髪水銀値の調査がなされて、七八人の女性たちが中絶や妊娠規制などの規制をされました。その調査というのは椿さんが行った調査と同じ調査と思ってよいのでしょうか。また、椿さんはどんなふうにして関わっていたのかということを、お尋ねしたいと思います。

富樫：さっきの説明にあるように、新潟では第一〈水俣病〉についていろいろな情報を集めて作業ができたという意味では、調査研究上の利点はあったと思います。しかし、椿さんは神経内科の専門であって、疫学の専門ではないのです。だから、最初は毛髪水銀値を重視して、それを認定の手がかりにもしているけれど、それで一貫したかというとそうは言えない。妊娠規制については、椿さんのアイデアなのかどうかは、はっきりしません。

有馬：たとえば、毛髪水銀はリアルタイムの汚染の指標なのです。何年も経ってから、毛髪水銀を測っても正常範囲に入っている可能性があります。そうすると診断的な意味を持たないわけ。そうしたときにどうするかという話もからんでいると思うのです。

富樫：いったん毛髪に入ったメチル水銀は時間の経過とともに減少していく。それを数値化して、七〇日で半減するという説もあります。それは学会では必ずしも承認はされてはいないんですが……。そういうデータを見ると、かなり急速に毛髪水銀量が減少していくということになります。それとはちがう事実もある。いまわれわれが日常的に食べている魚は、ほとんど東シナ海とかそういうところから来た魚といってよい。それでも、わたしの毛髪水銀値は五 ppm あまりもあるのです。日本人の平均値は〇～三 ppm ですが、わたしよりも魚の好きな人などは七～八 ppm ぐらいのレベルにいってしまう。

C：もう一つ聞いてもいいですか。七八人の女性たちは自分の毛髪水銀値を伝えられて妊娠規制などの指導を受けたのかなと思いますが、それ以外の方たちは毛髪水銀値を伝えられて何か指導を受けたことはあったのでしょうか。

富樫：妊娠規制以外の保健指導については、私は聞いていません。

C：七八人以外の方たちがなにか指導を受けたのかどうか、男性でも女性でもいいのですが。

有馬：ちょっとわかりません。

D：最高裁判決に対する環境省の対応、新通知に関してのお話の中で、新通知はいずれ最高裁判決で斥けられる可能性が大きいと言われました。そうしますと現在進んでいる裁判で、被害者互助会の裁判が先行しているのが国賠訴訟で、その後、棄却処分取り消しという順序になると、損害賠償のほうが先に最高裁で確定するのではないかと思うのです。棄却処分の訴訟が最高裁に上がったときに、これはどういうふうになるのでしょうか。

富樫：いま二つの裁判が出てきましたが、その違いをもう一回、説明させていただきます。

関西訴訟をふくめて国・県の責任を問う国賠訴訟が行われています。国賠訴訟もふつうの損害賠償請求訴訟と内容は一緒です。国・県に加害責任があると裁判所が判断した場合は、それに応じて被害者である原告にはこれだけの損害賠償を払えという判決をするわけです。その場合に、「判断条件」というか認定基準はまったく問題になりません。損害賠償訴訟とか国賠訴訟では、認定基準は裁判上の争点にならないのです。国・県に一種の過失責任があると裁判所が認めた場合は、その結果原告がどの程度の損害を受けたかということを独自に判断することになりますから、認定基準とは直接関係がない。基本は因果関係の有無です。だから、国・県の責任が問われる場合は、どの時期から責任を問われるかが一番大きな問題です。チッソが水銀を流しつづけ、水俣湾から不知火海一円に汚染が拡がっていった結果、汚染魚を食べた人たちがつぎつぎに〈水俣病〉になった。国・県の責任が問われるのは、行政的な規制権限を発動していつ排水をとめるべきであったかという話になります。どんなにさかのぼっても、いまの判決では一九五九年以降です。だから、患者側は、五七年ぐらいから水俣湾の漁業を禁止すべきだったし、漁獲禁止を行政権限でできたはずだと主張する。でも、それはいまのところ判決では認められていないですね。これまでの国賠判決で認められたのは一九五九年一一月以降です。その時期になって、何の規制権限も発動しないのは明らかに行政に責任があると。ここでは、いわゆる認定基準はまったく問題になりません。

一方、県知事は、救済法や補償法という法律にもとづいて認定申請があれば、審査をして〈水俣病〉かどうかの判断をしなければいけない。それが法律上の義務なのです。そのさいに法律上認定とはどういうものかを、正確に理解して適切な判断をしたかどうかが問われるわけです。ということは、端的に環境省が定めた「判断条件」にもとづいて審査をやっているので、認定義務づけ訴訟では「判断条件」そのものの正当性が問われるという構造になっています。

たとえば関西訴訟では、患者側が勝訴していますが、これは国賠訴訟ですから「判断条件」そのものは争点になっていません。だから、関西訴訟の最高裁判決では、「判断条件」の適法性についてはなんら判断していません。もともと関西訴訟というのは、認定申請を棄却された患者が起こした訴訟です。自分たちは県知事から〈水俣病〉ではないとして棄却されたけれど、汚染地区にある期間居住して汚染魚を食べて、その結果手足のしびれやいくつかの症状がある。だから〈水俣病〉被害者として認定してくれ、ということで訴訟を起こしたのです。だけどこの人たちは、認定申請を棄却された人たちですけれど、手足のシビレなど被害はあるので、裁判所の判断で〈水俣病〉被害者として、チッソと国・熊本県に補償を命じてくださいという裁判ですから、七七年の「判断条件」が公健法の解釈として正当かどうかということは争点になっていないのです。認定申請を棄却された患者だけれども、自分たちも被害をうけている。だから、認定患者とはいえないけれど、被害者と認めて補償してくれ、というのが関西訴訟の訴えです。認定を棄却された人たちだというのが、前提になっている。自分たちを棄却したのは、そもそも違法だということを争おうと思えば、義務づけ訴訟にしなければいけないわけです。ところが国賠訴訟にしたということは、自分たちは認定されなかったけれど、被害者であることにかわりないから裁判所の基準で被害を認定してくれという訴訟なのです。だから、大阪高裁は、認定〈水俣病〉とは異なる「メチル水銀中毒症」という独自の概念を導入して、原告らに平均六〇〇万円の損害賠償を認めたということです。

国賠訴訟を起こすと、争点がバラけるのです。環境省が断固としてまもろうとする「判断条件」が正しくない、法律上も十分な根拠はないということを裁判所に認めさせるためには、認定義務づけ訴訟でなければだめです。そうすれば救済法や補償法の解釈として、「判断条件」が正当かどうかが中心の争点になり、裁判所も判断せざるをえなくなります。新通知というのは、読んでいただくとわかるように、できの悪い作文です。新通知を採点させていただくと六〇点あげられるかなという程度の内容です。こんなものが最高裁で判断をうけたら、間違いなく斥けられると思います。環境省の本音は、なんとしても「判断条件」をまもりたいのです。それを大前提にして最高裁の判決を読んでいるから、話がおかしくなるのは当たりまえで、論理が通らないです。

D：ということは、たとえ国賠の判決が先に確定しても、認定義務づけ訴訟を起こせば最高裁は判断を示すということですか。

富樫：そうです。それは訴訟としてはまったく別の種類ですから。

司会：まだ、質問はいろいろあると思いますが、ここで終わりにしたいと思います。どうもありがとうございました。

四　〈水俣病〉の疫学調査は世界標準か

1　臨床医学以外の調査研究

これまでの〈水俣病〉研究の中心は医学研究でありまして、そのために膨大な時間とお金を費やしてきているわけですが、それには非常にかたよりがありました。臨床医学中心であるということです。病理も臨床病理です。ご存知の方もあるかもしれませんが、医学の病理学は臨床病理と実験病理の二つの分野にわかれており、現在の主流は実験病理になっています。〈水俣病〉でたいへん尽力された熊本大学医学部の第二病理教室というのは臨床病理が中心でしたが、これは武内忠男教授が定年退官されたときに廃止され、病理関係は全部実験病理になりました。ですから、遺体を医学部に運んで病理解剖してもらうことは、もうできなくなっています。実験病理というのはマウスなどを使う研究であり、人間の解剖はしない。実験病理のほうが条件を自由に設定できるので、意図した研究結果を引きだしやすいのです。ところが、人間相手の臨床病理はそうはいきません。〈水俣病〉でもはっきりしますけれど、とくに重要な大脳皮質の病理は技術的な問題もあり、結局十分解明できていないんです。そういう問題も含めて臨床が中心で、基礎医学の研究は、遅れているといってよいと思います。

医学以外の研究分野としては、分析化学があります。これは大学では理学部と薬学部の両方にあります。たとえば、水銀の微量分析の技術は医学部にはなく、それを専門に扱うのは理学部化学科と薬学部です。ところが、総合大学でありながら、医学部は他学部の力を借りようとはしなかった。ちょっと脱線しますが、当時の医学部に衛生学という教室がありまして、そこが最終的にはチッソの製造工程から採取したスラッジを手にいれ、それを分析して原因物質は塩化メチル水銀だということを同定しましたが、その分析を担当したスタッフは、理学部化学科の大学院をでた人や、薬学部の大学院をでた人たちです。

また、環境問題を対象とする法学、経済学、社会学などの人文社会系の研究分野があり、環境問題の著書には必ず〈水俣病〉が取り上げられていて、それぞれ何ページかあてています。〈水俣病〉を対象とするフィールドワークとしては、汚染魚介類を中心とする海の汚染調査のほか、疫学調査と社会調査が重要だと考えています。

2 〈水俣病〉に関する疫学調査

(1) 現代の疫学とは

医学部には疫学という講座はないんです。ですから、伝統的には公衆衛生学と衛生学の教室が疫学の部門を担当するということになっています。岡山大学の疫学の専門家である津田敏秀さんの岩波新書

『医学的根拠とは何か』（二〇一三）から、引用して定義を紹介します。疫学とは、「臨床経験などの観察データを統計学を駆使して分析し、一般法則に導く方法論である」。おなじく津田さんの本で紹介されていますが、医学研究の状況は一九九〇年代以降、ガラリと変わっています。厳密には一九九二年を境にして大きく変わってきます。それはＥＢＭ（evidence-based medicine）ということが重視されるようになったからです。津田さんの訳では「科学的根拠に基づく医学」です。九二年以降はこれが国際的な標準となり、それを満たしていない医学論文は国際的な医学雑誌には採用されないようになりました。

たとえば、みなさんもご存知の原田正純さんがブラジルやカナダに調査に行かれて、一〇人、二〇人の患者を対象に、一人ひとりにけっこう時間をかけて診察をします。そして結論として、「私の診るところ一〇名のうち二名は水俣病患者である。残り八名はそこまで断定はできないが水俣病の疑いはある」とする。原田さんが従来フィールドワークでやってこられたことは、だいたいそういう仕事です。ところが、一九九二年以降、これが国際的にはまったく通用しなくなります。というのは、原田さん以外の人が同じ研究対象を診察した場合に、〈水俣病〉が二名、その疑いが八名という同じ結果になるという保証はまったくないからです。逆になるかもしれない。ということは、長年、〈水俣病〉患者を診てきた原田先生の診断であっても、その判断が科学的根拠を欠くとみられてしまうわけです。実際、一九九二年以降、原田さんは国際的な医学雑誌に何回か投稿していますが、ＥＢＭの条件を満たしていないという理由で受理されないのです。そういう結果をみると、九〇年代以降は、疫学調査がとても重要になってきたと思います。単に、「私が診るところ、この人は水俣病だ」という判断だけでは通用しなくなったのです。

疫学の方法としては、コホート研究と症例対照研究がありまして、コホート研究というのは調査の対象とするグループを何世代にもわたってずっと追跡調査していくものです。遺伝関係の病気などは、このコホート研究で明らかになるといわれています。最近では、喫煙による肺がんの可能性についてコホート研究が大々的に行われていると、津田さんは紹介しています。水俣でこれまでやられてきたのはそういう研究ではなく、あえて言えば症例対照研究です。まずメチル水銀の汚染を受けたと思われる地区の住民と受けていないと思われる地区の住民を選びます。汚染を受けたほうを曝露群、汚染を受けていないほうを非曝露群といいます。その両方の住民に対してまったく同じ方法で調査したデータを、統計学を使って比較してその間にどれだけの差があるかを見ます。統計学的にあるレベルを超えれば、両者の間に有意差があると結論づけるのです。

たとえば、〈水俣病〉の代表的な症状である感覚障害を曝露群と非曝露群で調べます。わたしもその現場を見たことがありますが、ものすごく差があります。メチル水銀の影響をうけた場合には全体的に感覚がにぶります。舌先は敏感な部分ですが、ノギスのような器具を使い一ミリ幅で舌先に触れると、二カ所で触られたということが正常な人はすぐにわかります。これを二点識別といいます。ところが、メチル水銀の影響で感覚が低下している人は、一ミリどころか一センチに幅をひろげて舌にふれても二カ所に触れられたという感覚がないのです(二点識別覚異常)。そういう調査を曝露群と非曝露群の両方でやります。よく感覚障害というと、高齢で手先がにぶってくる、感覚が低下するといわれていますが、〈水俣病〉の人たちの感覚障害と非曝露群の老人たちの感覚低下を比較してみると、はっきりとちがいます。相当の高齢者で感覚がにぶくなっている人でも、舌先の二点識別でわずか一ミリの幅をピタリと当てられます。そのぐらい違います。そういう客観的なデータを調べあげて、「だから曝露群はメチル水銀の影響を受けているのだ」というふうに言わないと、現代の医学では通用しなくなっているのです。

（2）〈水俣病〉の疫学調査

ここまではきわめて教科書的な話ですが、では、過去六〇年間に熊大を中心にくり返しおこなわれてきた疫学調査はどういうものだったのか。本当は論文を何点かピックアップして詳細に紹介すればいいのですが、時間がありませんから要点だけにしておきます。

現代の疫学調査では、コントロール（対照群）をかならず選ばなければならない。そして、汚染地区と非汚染地区とを比較しなければいけないのに、そういう調査はこれまでほとんど行われていません。調査対象は患者が多発した汚染地区だけで、非曝露群との比較はまったく行われていない。これは論文をみれば一目瞭然です。初期の調査は熊大医学部が中心になって調査を開始しますが、これは湯堂とか出月などの患者多発地区に入って行って調査しています。ところが、この家は患者が発生しているが、隣の家は発生していない。せまい地区で道をはさんで隣同士あるいは向かい同士で調査をし、患者発生の有無を比較している。極端にいえば患者のいる家庭といない家庭が隣り合わせということもあるけれど、その両方の家族の健康状態を比較しているのです。

一九七〇年代になるともう少しはマシになってきます。津奈木という地区を調査の対象にして、漁民の多い沿岸部と、国道をはさんで山間部を比較している。つまり、山手の方は一種のコントロールとして扱われているわけです。しかし、実際に沿岸部の人たちが食べている魚と山間部の人たちが食べている魚はまったく同じものです。これではコントロールにはならないでしょう。二つの地区を調査して比較してみると、あまり大きな差は出てこない。それは予想通りの結果でしょう。このような調査は、一九九〇年代以降はまったく通用しない。コントロールの取り方に問題があるからです。

第三〈水俣病〉事件はみなさんもご存知かと思います。一九七三年以降、どっと認定申請者がふえました。その人たちの生活地域をみると、従来の水俣市やその北の津奈木町などのいわゆる濃厚汚染地域とはちがう地域からの認定申請もかなり増えていたのです。認定申請者の地域的拡がりがひじょうに顕著になってきたわけです。とくに問題になったのは御所浦町です。従来、御所浦は汚染地区には数えられていなかったので、認定申請もある時期までゼロでした。ここは不知火湾をはさんで水俣の対岸ですが、のちに聴き取り調査をしてみると、御所浦の漁民たちは水俣湾の地先で日常的に漁業をやっていたのです。だから、同じ汚染地区と考えなければいけないのに、従来は外されていたわけです。熊大医学部の第二次水俣病研究班は、御所浦に相当力点を置いて調査をしています。

調査にあたって、一応コントロールは選んであるのです。その場所は天草市の有明地区です。しかし、これはコントロールの選定としては非常に問題がありました。不知火海と有明地区というのは、いくつかの水道でつながっています。有明地区は、不知火海側から行くと本渡瀬戸を通ってすぐ先にある地区で、そこで潮が出入りしているわけです。そして、有明地区の住民は目の前の海でとれた魚しか食べないかというと、そんなことはないわけです。魚の流通はもっと広範囲で行われていますので、不知火海で採れた魚も食べる機会は少なくないと思います。だから、現代の疫学の常識からすると、有明地区をコントロールに選ぶのは非常に問題です。非曝露群として選んでいるわけですが、曝露の可能性が否定できない地区だからです。

そして、実際に調査をしてみたら、本来はゼロであるはずの有明地区から〈水俣病〉と疑われる人が何人か出てきました。その中でとくに一人はかなり症状がそろっている。しかし、一回の調査では不十分だから今後なお経過観察をする必要があるという、二次研究班の結論が出ます。そして、これがマスコミで、有明地区に〈水俣病〉患者が発見されたという第一報が出されて、それが各社の報道競争になっていく。これがいわゆる第三〈水俣病〉事件です。ここから水銀汚染魚ショックというのがはじまって、全国に広がっていきました。一時は、もう魚は食べないというパニック状態にまでなって、各地の漁民たちはたいへんな困難におちいるわけです。

それをなんとか早く政治的に収拾しなければいけないというので、政府にも委員会ができます。重要なことは二点あります。一つは、熊大二次研究班が発見したといわれている、有明地区の〈水俣病〉の疑いがあるとされた患者をもう一度診て、実際は熊大の診断のあやまりである、〈水俣病〉ではないという判定をする。その中心になったのは新潟大学の椿さんです。椿さんが熊大で「水俣病の疑いあり」とした患者を診て、実際には〈水俣病〉ではない、シロである、有明地区には〈水俣病〉は発生していないと結論づけたわけです。

二つ目は、それまで日本の苛性ソーダ工業は水銀法で生産していたのです。使うのは無機水銀ですが、全国に多くの苛性ソーダ工場があって、そこからは排水とともに水銀が出てくるわけです。このことが、水銀魚パニックが全国に広がった最大の原因です。当時の通産省はこれを早く収束しなければいけないと対策に乗り出して、製造法の転換をさせます。当時、旭化成で隔膜法という、水銀を使わない製造法が研究されていて、ほぼ完成に近いところまできていたのです。それに通産省は目をつけて、政府が転換資金を出して、日本の苛性ソーダ工業は全部隔膜法に切りかえることにしたのです。その結果、第三〈水俣病〉事件がキッカケになって、それまでの日本の苛性ソーダ工業の製造法が一変したのです。隔膜法に切りかえれば工場排水から水銀は出なくなります。こうして一九七〇年代に水銀法から隔膜法に転換したのは、先進工業国では日本が一番手でした。ＥＵの国々は、この転換にずいぶん苦労しています。水銀汚染の原因となる水銀法はやめなければいけないということがだんだん認識されてきて、十数年かけて少しずつ転換してきたのです。それはアメリカも同じです。日本では第三〈水俣病〉事件があったがために、いわば一夜にして転換が実現してしまったのです。それ以後、国際水銀会議に行っても、日本は世界に先がけて苛性ソーダの製造法を転換したということが自慢できるのですが、じつはそれは「瓢箪から駒」だったのです。熊大医学部が有明地区をコントロールに選んで、〈水俣病〉の疑いがある患者を発見しなければ起きなかったことです。

結論として、これまでに行われた〈水俣病〉に関する疫学調査は、今日の国際的なスタンダードからいえば、疫学調査としては通用しないということです。逆に言えば、〈水俣病〉に関する疫学調査の課題はそのまま残っているということです。

3　社会調査およびユニークな「民衆史」的調査

〈水俣病〉に関しては各種の調査が行われてきましたが、その中でもとくに社会調査が、社会学の人たちを中心にくり返し実施されています。これは、いまは亡き丸山定巳さんに一度きちんと総括してほしいとお願いしてあったのですが、それができないまま亡くなってしまいました。ぜひこれは社会学の専門家にやってほしいと思っています。ずいぶんくり返し調査を行っていまして、調査報告書も山のように積み上げられているので、その全容はどうなのか、それによって何を明らかにしたのかということを総括してほしいと思っています。

最後にご紹介したいのは、昨年、われわれの友人でもある岡本達明さんが『水俣病の民衆史』全六巻

(二〇一五)を出版しました。調査の対象となったのは、水俣市の月浦、出月、湯堂の三地区です。それぞれを独立した「村」としてとらえて、各村の成りたち、村民の生業分布や暮らしぶり、〈水俣病〉受難の実態、補償後の村の変質と崩壊などを、徹底的な聞き取り調査をもとにして詳細に明らかにしています。これはいままでにない大変ユニークな調査の成果だと思います。

日本の戦後史をどうみるかは人によって違いますが、戦後史の中にはいくつか画期があるわけで、一つは一九七〇年前後、六八年ぐらいから七三年ぐらいまでの時期です。七三年の秋に石油ショックが起きてガラリと状況が変わってしまうので、その前までです。それは社会史、政治史など、いろいろな角度から見ても、大きな画期になると思います。そのときに〈水俣病〉の裁判が起き、患者支援の運動も全国に広がっていくわけです。とくに訴訟派の患者家族を中心とした闘争と、それを支援するための「水俣病市民会議」と「水俣病を告発する会」の闘争はそれまでなかったユニークな闘争で、全国的にたいへん注目されたわけですが、誰もこれを書かなかったですね。今度、岡本さんが『民衆史』ではじめて書いてくれました。じつは著者自身も闘争を担った一人ですけれど。この本の面白いところは、一九六八年以降は岡本さんも私らも水俣病闘争のプレーヤーとして出てくるわけだけれど、それを対象化して観察するもうひとつの立場と両方あって、それをみごとに切りわけられていて、そういう面でもすごいと思います。これはぜひ読んでいただきたいと思って、最後に申し上げました。

さて、四回にわたって、かなり大急ぎで過去六〇年の〈水俣病〉研究の実態はどうであったかということをお話させていただきました。結論として、きわめて不十分といえるのではないか。発生確認から六〇年たって明らかになったのは問題のごく一部にすぎないということをぜひ確認しておきたい。これをわたしの結びの言葉にしたいと思います。

4　質疑応答

司会：質疑応答に入りたいと思います。どなたからでもどうぞ。

A：今日はどうもありがとうございました。〈水俣病〉研究六〇年の歩みを考えるときに、やはり不知火海総合学術調査団のやったことも一つ大きな画期となったできごとだったのではないかと思うのですが……。色川大吉先生らがやられた調査について、富樫先生ご自身の評価をお聞きしたいなと。

富樫：そのためにはもう一回読み直さなければいけないと思います。あの研究グループは、これまで紹介した大学の研究グループとはかなりちがって、専門も問題意識もさまざまでしょう。あれを全体としてどう評価するかはむつかしいですね。いま振りかえると、色川さん自身は、岡本さんの『民衆史』に近いような調査をしておられるけれど、岡本さんの本を基準にして色川さんたちの調査をみれば、あの当時の調査としてもきわめて不十分ですね。だから、そのへんはきちんとした比較分析が必要かもしれません。

司会：では私のほうから。研究とは違うのですが、水俣に関しては映像がたくさんありますが、それについてはどうでしょうか。

富樫：熊大研究班もずいぶんたくさん撮っていますよ。初期の人の写真は、対象が全部、最重症の患者です。重症患者が映像の中心ですから、それだけ見ると〈水俣病〉についてのイメージが片寄ってしまうと思います。〈水俣病〉というのはこういうものだと印象づけた意味は大きいね、いまから見ると。しかし、ああいう状態にならないと〈水俣病〉ではないという誤解を生んでしまった面は否定できないでしょう。

有馬：その点に関しては、土本さんが「医学としての水俣病―三部作」で意図したことは、徳臣さんが撮ったフィルムとか、保健所の伊藤さんが撮ったフィルムなど、また原田さんも当時の胎児性患者たちのフィルムを撮っておりますが、撮られたフィルムをできるだけ系統的に集め、まず歴史をたどって撮影時点での医学的課題を総合的に把握しようとしました。当時はもっと広範囲に軽症患者が潜在していて、しかも主要症状だけでなくまだ注目されていなかった症状の問題や、人間の内面の問題とかいろいろなことを含めて見つめようという意図が強くありました。残された映像フィルムはたくさんありますが、その後のものも、あるいはテレビ放映のものも含めてどう評価するかというのは、誰かがきちんとやらなければならない仕事だと思います。

富樫：宮﨑に住んでいるカメラマン、芥川仁さんにも同じことが言えるでしょう。一見普通に見える〈水俣病〉患者を含めて、今の水俣をそのまま記録したわけです。だけど、それだけ見ると、逆に〈水俣病〉というイメージがわかないというか。最初の最重症患者のイメージが、逆に〈水俣病〉のイメージを狭めてしまったというマイナス面も大きいと思うね。

司会：そういう問題が、認定基準の問題と微妙に重なる部分があると思います。Bさん、どうですか。

B：わたしは映像について関心があるので、今後研究しないといけないと思っています。富樫先生、四回の講義全体を通してたいへん勉強になりました。一つひとつ細かくどこに問題があったのかということを丁寧にふり返っていただいて、こうして全体を通してみる機会はなかなかないと思うので非常に勉強になりました。そこで一つお聞きしたいのは、今回のテーマは「〈水俣病〉研究六〇年の歩みとその評価」ということですが、これをふまえて、きょう若い人もきていますが、今後、どういうふうに〈水俣病〉研究あるいは広い意味での水俣に関わっていくか、僕らがどういうふうに進んでいくか、それは一人ひとりが考えるべきことだとは思いますが、もし富樫先生にそういうビジョンや思いといったものがあったら伝えていただきたいと思います。

富樫：原田正純さんの本に、患者分布図としてよくピラミッド型の図がでてきまして、これまで認定されたのは頂点の部分だけだということをくりかえし書いています。しかし、原田さん自身が下の部分の調査を実際にはやれていないのです。そのへんが大変大きな問題だと思う。日本の国から一歩外に出るでしょう。わたしも国際会議などで何回か出る機会がありましたが、認定の問題や補償金をいくらもらっているかなどには、途上国の人もふくめてまったく関心がないのです。関心を持たれるのはだいたい二つぐらい。なぜ、こんなに広範に被害が広がるまで止められなかったのか、そういうチャンスはあったのではないか、という質問がひじょうに多いのです。それから、最終的にどこまで被害が拡がったのかということも、くりかえし聞かれます。その中で認定患者がいくら、政治解決でいくらと言ったって、全然理解されません。認定だろうが非認定だろうがみんな被害者ととらえていて、最終的に被害者はどこまで広がったのか、総数はどのくらいかという質問を受けても、われわれはそれに全然答えられないのです。これは大問題ですね。Minamata disease という言葉は世界中で定着しているけれど、中心問題については伝えられていない。これはドイツで経験したのですが、だいたい一般の人たちは無機水銀と有機水銀の区別がつかないんです。

いま国際的に一番問題になっているのは、毛髪水銀値でだいたい一〇ppm前後の低濃度のメチル水銀による健康影響ですけれど、不知火海周辺にそういう人たちはたくさんいたはずです。原田さんのピラミッドモデルの底辺部分です。その部分はまったく調査も研究もされず、何もわかっていないのです。一つだけ申しあげますが、〈水俣病〉患者の数が急増したのは一九五五年から六〇年にかけてで、胎児性〈水俣病〉患者はほとんどあの時期に発生しています。そのころ、濃厚汚染地区の袋中学の生徒だった人たちは、たくさん汚染魚を食べて成長し、集団就職で関西や中京地区へ行った。名古屋の周辺は、岐阜もふくめて、繊維、染色などの産業がひじょうに多いですが、ああいうところに集団就職したのです。その人たちはいま六〇歳前後になっていますが、自分がメチル水銀の影響を受けているとは全然思わないで一生懸命に働いてきたといいます。それが今ごろになって、いろいろ症状を訴えているわけです。自分たちも中学を卒業するまでは認定患者たちと同じように魚を食べていた、という話が出ています。病院で検査を受けても、病名がつかない。そういう人たちが、関西地区と名古屋周辺には多数いるのです。原田さんのピラミッドモデルでいうと、かなり底辺の部分がそういう形で放置され、ここ数年さまざまな健康不調を訴えている。そういう人たちの層までは全然調査がおよんでいないのです。

有馬：それはぜひ明らかにすべき課題です。今やれる総合調査というのは、レトロスペクティブというか後ろ向きの調査になるんだけれど、それをやろうとすればやれると思うけれど、調査をやる側の国なり県なり、医学者の今の認識ではできないと思うんです。というのは、浴野さんによる問題提起の時点でも定型的な神経症状だけを見ていますね。そもそもメチル水銀がどのように人体に影響するかという広い視点がないと、調査したけれども患者はいなかったということにされかねないと思います。

イラクのメチル水銀中毒事件の調査結果を見ると、かならずしも症状の重症度と血中メチル水銀濃度の曝露量は相関しないのです。たとえば、曝露量の一番高い人が感覚障害しかなかったり、視野狭窄などを起こしている人が感覚障害を起こしている人の曝露量の五分の一ぐらいの量だったりするのです。そういうふうに症状のあらわれ方がひじょうに多様なので、原田さんのいうピラミッド型のモデルはそもそもまちがいなのです。たとえば、僕らの経験でいうと、出水市潟地区を調べたときに、二〇〇〇年の時点で、汚染が終わってメチル水銀がほとんど出なくなったけれども、海の生態系はまだメチル水銀に汚染されている。環境省の認識では、これを完全に無視しているわけです。工場からの汚染が終わって二〇年たった時点でも海の汚染はつづいているのです。

私どもの調査時点で汚染地区の二〇歳の人の状態が、どうしてもおかしいのですが、神経内科医の鶴田先生が診ても、はっきりした神経症状は証明できないのです。要するに、〈水俣病〉医学者が、これが神経症状と言っているレベルのとらえ方ではとらえられない症状(disorder)があるわけです。

富樫：その点で一番わかりやすいのは、グランジャン(Grandjean)らの研究です。グランジャンらは低濃度のメチル水銀に汚染されている母子約一〇〇〇組、対照母子約一〇〇〇組の比較研究を実施しました。毛髪水銀値が一〇ppm前後の母親が、妊娠して子どもを生みます。子どもが七歳になった時点で、ひじょうに丁寧な調査をやっているのです。母胎内でメチル水銀汚染の影響を受けて生まれてくるわけですが、かなり低濃度です。調査するためには七歳まで待たなければいけないのです。感覚障害の調査が典型的ですが、問いを発して相手がどう答えるか、あるいは手足を動かせてどう動くか——たとえば、簡単な立体図を描かせるとか、算数のテストをさせるとか、そういう方法で低濃度のメチル水銀の影響を調べているわけです。そういう検査は生まれた直後ではできないので七歳まで待って調査した結果、明らかにメチル水銀の影響があるというのがグランジャンたちの調査研究の結論です。この人はデンマークの医学部の教授でしたが、いまはハーバード大学の教授になっています。この研究結果が、いまや国際的なスタンダードとして認められています。

それと比較すると、〈水俣病〉に関する過去の検査データ、おもに毛髪水銀値のデータ、水俣湾、不知火海の汚染魚のデータ、母親が患者で、生まれてきた子どものへその緒の水銀値などが出されているのですが、信頼性がありません。ほとんどのデータは「赤木法」で測っていないのです。国際的な分析法として確立したのは赤木洋勝さんが作った「赤木法」ですが、古いデータは「赤木法」で測っていないから、国際的にはデータの信用性が全然ないのです。

笑い話があります。「水俣フォーラム」が今度はじめて熊本で水俣展をやりますが、来てくれる人たちへのサービスとして毛髪水銀値を調べるということを、何年か前からやっています。そのサンプルを国水研（国立水俣病研究センター）で分析して、毛髪を提供してくれた人たちにデータを送って知らせるというサービスです。けっこう人気があるようですが、分析を依頼した先が「赤木法」をマスターしていない人たちなので、分析結果にブレが出てくるわけです。それなのに一回だけ測って、こうなりましたとみんなに送っている。それを丸山さんも一回受けてみたのです。そうして、出てきた丸山さんの水銀値は一ppm以下なのです。そんなはずはないと思って、私は赤木さんにお願いして、丸山さんの髪の毛をもう一度分析してもらったわけです。その結果、丸山さんの毛髪水銀値は七・五ppmでした。かなり高い値です（日本人の平均値は一〜三ppm）。

国際的には「赤木法」がいまや標準になっているのです。だけど国水研の中でも「赤木法」をマスターした人は一人か二人しかいない。あとはいままでの公定法という、国際的にはまったく通用しない分析法で分析しているわけです。〈水俣病〉関係の過去のデータはほとんどがそれです。へその緒でも髪の毛でも比較的新しいデータでないと使えないのです。

C：さっき有馬さんが、症状の現れ方がすごく多様だとおっしゃいました。一九五六年というのは、胎児性患者がものすごく生まれていらっしゃる、大人の患者の発生も多い。たしかその翌年に患者の発生が少なくなると思うのです。なにか谷みたいなところがあるのですが、あれはどう評価をされていますか。五六年に患者が集中して発生していますね。

有馬：一つには、水俣湾産の魚介類の摂食をひかえたのが影響しています。しばらく重症患者の発生はみられませんでしたが、その後に発症したのがIさんなのです。五八年八月に新患者発生と報道があって、それがIさんですが、あの人がなぜ発症したかというと、たまたま水俣湾でワタリガニがいっぱい捕れたのでそれを食べたわけです。それで急性発症したケースです。汚染があっても漁業や食生活という条件を媒介にして人にメチル水銀が入っていくわけです。

C：五六年の発症があまりに多いから、漁獲禁止が効いていて摂食しなかったり、それで少なくなった。

有馬：五七年の一〇月までですかね、大量に認定されたのは。その後ストンと落ちますね。それは資料集（『水俣病事件資料集』一九九六）を見てもらえばわかると思います。

C：資料集にものすごく少ないときがあるので、それは摂食してないわけですね。

有馬：要するに、「原田医学」というと悪いけれど、原田先生のいう胎児性の基準でいえば、軽症あるいは違う発症形態があったはずだと思います。だけど、目に見える形で事件史の表面に出てこなかったということは言えるのではないかと。

D：いま有馬さんが言ったのは、七割は信頼できる、でも三割は医学者が診ていなかったという話じゃないから。まだ社会的に〈水俣病〉から逃げていたというか、症状があってもいろいろな事情で申請しなかった人もいたし、そういう要素もいっぱいある。富樫先生の話を聞いていれば、その中で七割は名乗り出たけど、三割は数字に全然乗ってこない人たちがいっぱいいたという気がしますね。

有馬：それは岡本さんの『民衆史』を読んでもらうとよくわかると思います。やはりいろいろな事情で——僕らは、いろいろな噂話とか、こういう事例もあるというぐらいしか認識していなかったけれど、あんなふうに体系化されると、ああそうなんだなというのがよくわかりますね。

司会：結局、基本的には、現時点では被害の広がりという問題は全然わからない状況だということですね。だから、さっき富樫先生が、水銀国際会議などに出ていったときに〈水俣病〉の被害はどれぐらい広がっているのかと聞かれても答えられないと。これが一つ。

有馬：たとえば鹿児島大の井形教室のレポートを読むと、甑島で調査をしていますが、住民の感覚障害が〈水俣病〉のそれとまったく変わらないことを確認しています。ところが甑島は〈水俣病〉の指定地域に入っていないわけです。

司会：加害者と加害要因がわかったところで思考停止したところがあるわけですね。被害の広がりというのは実際には全然わかっていない。

もう一つ、公式確認六〇年の話が全部そういうこととからんでいたと思いますが、なぜ汚染の拡大を止められなかったのかという海外からの指摘は、そのとおりだと思いますが、それは研究としてまだできていないということでしょうか。

富樫：社会的には、一九五九年一二月の見舞金契約の果たした負の役割がきわめて大きい。あれで調査研究の面でも、一応、終止符を打たれてしまったわけです。

有馬：あのときアメリカのカーランドが研究をもちかけるわけです。だけど結局しないでしょう。

富樫：一九五九年一二月末の時点で、公には、〈水俣病〉の原因は不確定とされ、チッソが被害者にそこその見舞金を支払うという形で、社会的に処理してしまったわけです。そして、その後も、チッソはアセトアルデヒド工場の操業をつづけ、その結果出てくるメチル水銀をふくむ排水をずっと流しつづけます。それが止まるのは六八年です。六八年に生産停止となって、やっと水銀の排出もストップするのです。

司会：そうすると、さっき社会学の話がありましたが、なぜ止められなかったのかという問いは、ではどうやれば止められたのかということと合わせながら考える必要があって、社会学では「失われた機会」と言うのですが、この研究が今後の課題としてあるということですね。いまの話は結局そうはならなかった、そうならなかった理由というのは……。

富樫：これには熊大医学部がやはり一定の役割をはたしていますね。第一内科を中心に調査をして、一九六〇年で〈水俣病〉は収束したという論文を発表している。これがものすごい影響力をもつわけです。六〇年収束説というのが……。だから、見舞金契約と一九六〇年収束説が、ある意味で決定打になり、一九六〇年以降はマスコミも取りあげなくなりました。

司会：ほかにもいろいろあったと思います。たとえば、疫学調査、細川さんの調査はかなり立派な調査をされていましたが、その後は入院患者忠の臨床研究になってしまって、現場で疫学的調査をしなくなった。いろいろな機会はあったと思いますが。

有馬：武内さんに直接聞いた話ですが、六〇年以降は大学内で〈水俣病〉の研究なんて言いだす雰囲気ではなかったというのです。

富樫：もう完全に事件の幕は下りたと。

有馬：田宮委員会もあったし、水俣病総合調査研究連絡協議会もあったけれども、これらは事件の幕引きのための組織でしかなかった。

富樫：一九六五年に昭和電工の工場からでた排水が原因で新潟〈水俣病〉が発生するわけですが、あれは水俣の経験から当然予測すべきであったと思います。それが予測外だったので、みんなびっくりするのです。第二の〈水俣病〉が発生して、では第一の〈水俣病〉はどういう始末をつけたのかということが、改めて問われてくるわけです。第一〈水俣病〉は被害防止の対策を何もしないで終わりにしていたわけだから。そういうことが第二〈水俣病〉が起きてはじめて見なおされる。もし、新潟〈水俣病〉が発生しなかったとしたら、社会的には〈水俣病〉事件は一九五九年一二月三〇日で完全に終わっていたとみてよいと思います。皮肉にも新潟で再発したからもう一度よみがえったともいえるのです。

司会：そろそろ時間になりました。どうもありがとうございました。

五　「最終解決」の意図するもの

1　研究の原点——上村智子と会う

多少自己紹介を兼ねながら、一人の胎児性患者のことから話をさせていただきたいと思います。お話したいと思っている患者は、胎児性患者の上村智子さんという方です。わたしが水俣の地をはじめて訪ねたとき、〈水俣病〉患者何人かと会わせていただいたのですが、智子ちゃんはその中の一人でした。一九六九年九月二六日のことです。なぜこの日かと言いますと、ちょうどその一年前、六八年九月二六日に、一般には政府の公害認定と呼ばれている、〈水俣病〉の原因に関する政府の公式見解が遅れにおくれて出たからです。当時の新聞をみますと、その政府見解をうけてチッソの社長が水俣にまいりまして、水俣で有名な店のヨーカンを手にさげながら一軒一軒患者宅をお詫びしてまわったという、そういう日でもあったわけです。それからちょうど一年目という、たいへん記念すべき日に私たちは偶然にも水俣を訪れて、智子ちゃんをふくめ何人かの患者に会わせていただいたのです。熊本大学の主として法学部、文学部の先生五、六人ぐらいのグループだったと思いますが、その中には今日の司会者、丸山定巳さんも入っておりまして、これからお話することは丸山さんも同時に体験したことです。

その日は、秋晴れのたいへんさわやかな日でした。水俣工場の周辺をみて回り、その後智子ちゃんのご自宅を訪問しました。現在の上村さんの家は引っ越しをして新築されたので元の家とはちがっておりますが、当時は月浦というところに家がありまして、そこにかなり広い庭があったのです——お母さんが智子ちゃんを抱いて、すでに庭に出て私たちを待っていてくれました。〈水俣病〉患者、しかもたいへん重症の胎児性患者を見るのはそのときが初めてでしたので、ひじょうに驚いて、何十分かお邪魔していろいろなお話を、主としてお母さんからうかがったのですが、まったく言葉が出ないという体験をしました。

当時、智子ちゃんは一三歳でしたから、ふつうに育っていれば中一ぐらいの年齢です。お会いしてみると、頭や顔は不相応に大きいのです。というよりも、首から上の部分は一三歳相当の大きさだったのではないかと、いまは思います。ところが、肩から下の部分はひじょうに小さくて、たぶん年齢的には五、六歳ぐらいのからだではなかったかと思います。しかも、両手両足とも不自然に曲がって硬直しており、伸ばすことができない状態でした。智子ちゃんはちょっと上にのけぞるような姿勢でお母さんに抱かれていて、モナリザの微笑ではありませんが、いつも微笑しているような表情でした。そういう智子ちゃんをお母さんが抱いて、たえず智子ちゃんに話しかけていました。あとで聞いて驚いたのですが、そういう身体なので智子ちゃんは普通の布団やベッドに寝ることができないため、夜はほとんどご両親に抱かれた状態で過ごすというのです。われわれが会ったときすでに一三年間そういう生活をしていたわけです。智子ちゃんは、結局、二一年生きてこの世を去ったのですが、その間、一日の休みもなしに、お父さんとお母さんが交替で、智子ちゃんを抱きながらすごされたのです。そのご苦労たるや、たいへんなものだったと思います。

食事のこともいろいろお聞きしましたが、流動食しか口に入りません。子ども用の茶碗一杯の流動食を少しずつスプーンで口に入れてやる。粗相しますとたちまち嚥下障害を起こして、食べ物が気管支のほうに入って高熱を出すことになりますので、注意しながら少しずつ入れてやる。一日三回の食事に、毎回二時間はかかる。お茶碗一杯の流動食を智子ちゃんの胃のなかに無事に落としてやるのに、二時間かかるといっていました。智子ちゃんは上村家に長女として生まれたわけですが、それをかかえたご両親、あとから弟妹も何人か生まれていますので、家族ぐるみで智子ちゃんを介護しながら生きてこられたわけです。そのご苦労たるや、想像を絶する思いがしました。

胎児性患者は、当時、二〇数人認定されていましたが、ほとんどは一任派のグループに入っていまして、訴訟派の患者はひじょうに少なかった。わずか二人か三人しかいない訴訟派の胎児性患者の一人が智子ちゃんでした。私たちがお会いした一九六九年に、のちに訴訟派とよばれる患者グループが、〈水俣病〉事件の歴史の中ではじめてチッソを相手どって裁判を起こしたのです。今日では、「水俣病第一次訴訟」とよばれる裁判です。その裁判において智子ちゃんは原告の一人でしたから、熊本地裁で口頭弁論がはじまると、ほかの患者家族といっしょに出廷し、わたしの記憶では一回か二回ぐらいしか休まなかったと思います。裁判は三年九カ月つづいて、わたし自身は一回も欠かさずに傍聴していましたが、患者家族は水俣から貸し切りバスで熊本地裁に出頭することをくり返していました。そして法廷の最前列にはお母さんかお父さんに抱かれて、つねに智子ちゃんの姿がありました。私たちは訴訟派の裁判を理論面から支援するという目的で水俣病研究会を立ちあげて活動していたのですが、智子ちゃんは胎児性患者の中でもとくに想い出深い方です。

智子ちゃんは、二一年生きて一九七七年一二月にとうとう亡くなられてしまいました。一年前の二〇歳の年、いまでも写真が残っていますが、ほかの二〇歳を迎えた同世代の人たちと同じように、ご両親はたいへん美しい晴れ着を作って智子ちゃんに着せたのです。それをお父さんが抱いて写真にとってもらったという一枚があります。それを見ると、お父さんが本当にうれしそうな晴れ晴れとした表情で、晴れ着姿の智子ちゃんを抱いている。これを一度見たら本当に忘れられないショットの一つではないかと思います。ですが、そういう喜びを与えた翌年にはこの世を去って逝かれたわけです。

わたし個人にとって、このとき智子ちゃんと会ったことが、その後〈水俣病〉事件にとり組むひじょうに大きな動機になっております。一人の人間として、この過酷な現実を目にした以上は、そこから目を背けることがはたして許されるのだろうかと、そういうことを智子ちゃんとはじめてお会いしたときに問いかけられた気がしたからです。それに対する答えは明白でした。この現実から逃げてはいけないと。それがあればこそ、その後四三年間、〈水俣病〉の問題にとり組んで現在にいたっているわけです。その意味でも上村智子さんという存在は、私にとって非常に大きな存在だと思っております。

〈水俣病〉の被害とか、その救済と補償ということを考える場合に、われわれが心してかからなければならないことがあります。それは、救済・補償の対象となる〈水俣病〉の被害とはどのような被害なのか――たとえば、特措法の救済の内容としてわずかばかりの一時金が給付されますが、そういうカネによって償われうるような被害なのか――ということを、ぜひ考えていただきたいと思います。

〈水俣病〉に関するいろいろな論文を読みますと、たくさんの数字が出てきます。しかしこのような数字で、はたして〈水俣病〉の現実をどこまで表現できるか。先ほど申し上げたように、ある一部を表現していることはまちがいない。ですが、それによって〈水俣病〉の大部分が表現できると考えるのは、とんでもない誤りではないか。結局、われわれが〈水俣病〉の被害にきちんと向きあうためには、先ほど紹介したような、一人ひとりの患者の重い現実に向きあう必要がある、ということを前置きとして申し上げたいと思います。

2 特措法の成立と問題点

本日のテーマは、「水俣病の『最終解決』とは何か」です。最終解決ということを誰がいい出したかというと、「水俣病特措法」という法律に明記してある言葉です。特措法は、「水俣病被害者の救済及び水俣病問題の解決に関する特別措置法」というのが正式名称でありまして、あまりにも長いので一般には「水俣病特措法」といういい方をしています。これは二〇〇九年七月に成立した法律です。当時の政権党は自由民主党と公明党でありまして、その二党の国会議員から議員立法というかたちで国会に提出された法案です。二〇〇九年七月というのは、いわゆる政権交代の前夜にあたっておりまして、世の中はまもなく政権交代が実現するというので大騒ぎだったのです。そのどさくさ紛れにこの特措法が提案され、国会でもほとんど実質的な審議のないまま、まもなく政権をとることが確実視されていた民主党の同意も得て、あっという間に成立した法律です。ことの重大性に照らしてみて、たいへんお粗末な手続きで成立した法律だといってよいと思います。

この法律は、大きく二つの部分からなっています。前半では、未認定被害者の救済ということを定めています。救済を希望する者は救済の申請をしなさい。申請があって県が書類を審査して、救済対象者に該当すると判断した場合には、特措法の定める給付をする。救済内容は三つありまして、一つは一時金、二つめは医療救済にあたるもので、健康保険法で定める自己負担分を公費で負担するということ、それから病院に通うにはそれなりの交通費がかかるだろうというので、わずかな金額ですが通院手当を出す——という内容です。これが法律の前半に書いてある内容です。

後半に何が書いてあるかというと、法律の専門用語で言いますと、チッソの倒産処理の手続きです。法律上、倒産処理というのは大きく二つのパターンがありまして、一つは、倒産する会社をもう一度再建する、完全に潰してしまわないで債務処理などをして身軽にした形で再建するという、再建型の倒産処理です。もう一つは、再建の見込みのない場合で、ほとんど破産といっしょで、会社をつぶしてしまうタイプの倒産処理です。一般的に倒産と聞くと、つぶしてしまうほうのイメージが強いと思いますが、そればかりではなく、いったん債務処理をして、もう一回再生させる倒産処理もあるのです。この特措法が定めている倒産処理は、再建型の倒産処理です。そういう倒産処理をするためには、すでに完備した法律ができているので、普通はそういう法律にもとづいて裁判所に申請し、裁判所の主導のもとに倒産処理の手続きがかなり厳格に行われます。

ところが、特措法が定めたチッソの倒産処理は、そういう手続きを全部省略しているのです。これは驚くべきことです。というのは、一つの企業をつぶすとか、再建するにさいしてたくさんの債権もカットしなければならない場合には、多くの利害関係者が関係するので、一方だけを有利にして他方を不利に扱うことは法律上許されません。利害の対立するたくさんの利害関係者を、いかに公平に扱うかというのが、倒産処理の一つの目標になっているのです。ですから、たとえば、債権者集会はかならず開かなければいけないとか、裁判所がつねに目を光らせて不公正な処理が行われないように厳正に手続きを進める、ということが法律に定めてあります。ですから、通常、手続きには非常に時間がかかります。手続きを一歩一歩慎重に進めなければならないから時間がかかるのです。ＪＡＬの倒産処理は比較的早かったほうですが、四、五年かかる場合もざらにあります。特措法は、普通ならばそういう慎重な手続きをふんでやらなければいけないチッソの倒産処理、しかも再建型の倒産処理を、じつに簡単な手続きで、環境大臣がＯＫすればそれでよいという仕組みにしているのです。わたし個人としては、これは法の下の平等に反する憲法違反の疑いがあると考えています。このような倒産処理で利益を受けるチッソにのみ有利な法的手続きが、はたして許されるのでしょうか。その一方で、患者もチッソとの関係においては、立派な債権者ですが、そういう方たちの意見、利害は、特措法のどこにも反映されていない。それは環境大臣の胸の中で全部判断してくださいという、そういう乱暴な話になっているのです。

このように特措法は、前半は救済をうたっていますが、後半はチッソの再建です。再建の中身は、〈水俣病〉をひき起こしたチッソ株式会社はいずれ消滅させるのですが、その前に準備段階として新会社をつくる。すでに環境大臣の認可を受けて新会社が設立され、順調に事業が行われています。新聞にもあまり出ないからみなさんはご存知ないと思いますが、チッソの一種の身代わりとして新しくできた会社はＪＮＣといいます。Japan New Chisso の略だそうですが、大変わかりにくい会社名になっているのです。それまでチッソは、いろいろなものを生産していたのですが、その事業をそっくり新会社に移した。ですから、ただ看板が変わっただけです。中身は何も変わっていない。水俣工場は水俣事業所になっていますが、チッソ水俣事業所だったのが、ＪＮＣ水俣事業所になっただけで、実態はなにも変わっていません。なぜ、そんなことをしたかというと、種あかしは簡単です。現チッソ（チッソ株式会社）は〈水俣病〉を引き起こした加害企業であり、〈水俣病〉の被害に対しては法的にも社会的にも重大な責任を負わされています。事業はそっくりチッソから譲りうけますが、〈水俣病〉の加害企業として背おっている責任は新会社には移さない。これが最大のミソなのです。チッソは前々から、〈水俣病〉の責任から逃れたいと考えてきていて、特措法にそれを盛り込ませて実現したわけです。新会社の実態はいままでのチッソと何も変わっていない。変わったのは責任の所在だけです。そういうことを〈水俣病〉特措法は定めたのです。基本的に環境大臣の認可さえあればよいという、信じられないような簡単な手続きで、予定どおり新会社が発足してそこにチッソの事業を全部移して、いまやJNCという看板のもとに生産がつづけられています。これらは粛々と行われているので、ほとんど新聞記事にもならない。新聞に出るのは、患者の救済がどうこうという話ばかりです。そういう記事を読んでいると、〈水俣病〉特措法は一〇〇％患者救済法だというあやまったイメージを与えかねないと思います。しかし、それはこの法律の半分でしかない。あとの半分は、チッソの分社化という形での倒産処理であり、そちらはチッソが望んだとおりの形で着々と実行されているのです。

なぜ、こんなふうになったのか。特措法にもりこまれた二つの内容は水と油です。患者の救済とチッソの倒産処理は、直接にはなんの関係もないものです。患者が増えてチッソの補償金の支払額が増えていくと、チッソはいずれ補償倒産するのではないかということが、二、三〇年前にうわさされた時期がありました。そういう倒産と特措法の倒産とはまったく性格を異にする倒産であることを、ぜひ知っておいていただきたいと思います。とにかく、特措法は水と油の二つをドッキングさせているのですが、その理由は法案の成立過程をみると明らかです。未認定の被害者を一九九五年の政治解決と同様に救済しないと〈水俣病〉問題は終わらないというのは、当時の自民党内の〈水俣病〉プロジェクト・チームの委員たちがずっと考えていたことです。だから、当初はそれだけを内容とする救済法を考えていた。九五年の政治解決と似たような救済を法案化するためにはチッソも応分の責任を負ってもらわなければならないという結論になり、その話をチッソにもっていったのです。そうしたらチッソから猛反発をくらいました。そういう話には乗れないと。チッソが頑強に反対している状態では、自民党のプロジェクト・チームが構想した救済法は実現しません。なんとかチッソをなだめて一時金の支払いに応じさせなければいけないというので、水面下の交渉が行われた。そのとき、チッソが交換条件として出てきたのが分社化の話でした。もし、前々からチッソが考えていた分社化を受け入れてくれるなら、一時金の支払いに応じる、そういう取引が水面下で行われたのです。その結果、チッソの倒産処理と患者救済をドッキングさせた。そうしてできたのが、この特措法なのです。

国の法律の成立過程として、これは異常です。しかも、いったん議員立法として国会に提出された後は、実質的な審議はほとんどされていない。法律的には、チッソの倒産処理の手続き一つ取り上げても、山ほど問題を含んでいます。普通ならば国会に倒産処理の専門家を参考人として呼んで、十分に問題点を審議しなければならない内容です。ところが、そういう手続きを全部省略して、政権交代前夜のどさくさまぎれに国会を通過してしまった。その特措法に「最終解決」という言葉が出てきまして、その第一歩となるのが救済申請の締めきりです。これは新聞にも大きく取りあげられましたように、今年(二〇一二年)七月末をもって救済申請を締め切り、あとは受付けないということになりました。

3 「最終解決」——特措法の意図するもの

「最終解決」という言葉に、私は大変引っかかりを感じています。

この言葉は、特措法の前文と第一条に出てきます。どういう内容かというと、この七月で締め切った救済措置を、三年以内をめどに完了させるというのが一番重要なところです。特措法の第七条に、「水俣病問題の解決に向けて、次に掲げる事項に取り組まなければならない」とあり、四項目列挙しています。一つめは、三年をめどに救済措置を実施し、すみやかに終了させることです。二つめは、県に出ている認定申請の処分が遅れているので、それを促進する。三つめは、〈水俣病〉にかかる紛争を解決すること。これはちょっとばく然としていますが、認定をめぐっていくつも裁判が起きているので、そういう問題を意識しているのだと思います。それから、これは大変重要な内容でありまして、これから出てくるのだろうと思いますが、「補償法に基づく水俣病に係る新規認定等を終了すること」というのが四番目に書いてあります。いまはとりあえず、特措法にもとづく救済申請をうち切って、その処理を、できるだけ早く完了させる。その次に予定されているのは、認定申請の窓口を閉めてしまうということなのです。特措法による救済の窓口はもう閉め切られましたが、これに申請しなかった被害者でも、自分は〈水俣病〉だと考える人は、まだ認定の窓口は開いているので、認定申請を出せばよいのです。希望通りに認定されるという保証はありませんが、窓口は開いています。もし棄却されたら、行政訴訟を起こすなり、いろいろな法的な手段が残されています。ところが、認定の窓口を閉めてしまうと、棄却処分をめぐってさらに争う方法もなくなります。特措法は、そこまで射程に入れて考えているのです。

このように〈水俣病〉の認定、救済、補償に関するあらゆる問題を一挙に終わらせること。それが、「水俣病の最終解決」になるというのが特措法の考え方なのです。これまで認定、補償をめぐってさまざまな争いが起きているので、そうした〈水俣病〉に関する紛争をできるだけはやく終結させる、というのが「水俣病問題の最終解決」ということです。特措法を作った人たちは、紛争さえなくなればそれで問題は解決ずみになると考えているのです。紛争があれば新聞に書かれ、テレビも報道するし、つねに不穏な空気がただよっているわけですが、紛争が終われば世の中は静かになる。これが特措法の考えている「最終解決」のイメージです。〈水俣病〉に関する紛争さえなくなればそれでよいということです。そういう意味では、この「最終解決」は、ある意味で解決の名に値しない「解決」です。〈水俣病〉に関する紛争のない状態、患者の救済・補償をめぐって争いのない状態、あるいは裁判のない状態、これが特措法の考えている「水俣病問題の最終解決」だからです。

4　事件史における「解決」と隠蔽

これが本当に「水俣病問題」の最終解決――ここで言うのはもっと深い意味での最終解決です――に値するのかどうかです。それを知るためには、いくつかの前例がありますので、それを思い出していただきたいと思います。

前例——一九五九年の見舞金契約

一つは、一九五九年の見舞金契約です。〈水俣病〉事件の年表をくってみると、一九五九年一二月三〇日に見舞金契約が成立しますが、そのときまでは地元の熊本日日新聞を含めて、ものすごい量のニュースが連日のように報道されていました。ところが、見舞金契約が成立して年が明けた一九六〇年一月以降、〈水俣病〉の記事はほとんど出なくなります。つまり、〈水俣病〉の問題はもう終わってしまったのです。これが見舞金契約のもたらした最大の効果です。

見舞金契約がどのように成立したのかについて、時間の関係でくわしくお話しできません。当時、熊本県知事は寺本広作さんという方でした。漁業被害と患者の補償が問題になっていて、一九五九年七月の有機水銀説発表後は、たいへん騒然とした空気になっていました。そこで、寺本知事は漁業紛争調停委員会を立ち上げ、知事が委員長として紛争の解決に乗り出すということになりました。当時、患者側がチッソに要求していた補償に、チッソはいっさい応じないという態度をとりつづけていました。仕方がなくて患者家庭互助会の人たちは、その年の一一月から水俣工場正門前で座りこみに入っていくのです。それを見て知事がようやく〈水俣病〉の補償調停に乗りだして、見舞金契約が成立したという経緯があります。

寺本さんは、知事になる前は旧内務省、旧労働省の役人でしたが、知事をやめてからながい役人生活をふり返って、『ある官僚の生涯』(一九七六)という回想録を残しました。そこに、見舞金契約の裏話も書いておられるのです。

患者側は知事の調停案を見せられても、ぜんぜん意味がわからなかったと思います。患者家族の大部分はふつうの漁民ですから。当時は患者側を支援してくれるような弁護士や法律の専門家はだれもいなかったので、孤立無援の状態でした。調停案には見舞金打ち切り条項とか損害賠償請求権の放棄条項という重要な内容も書いてあったわけですが、問題になった形跡がないんです。互助会の総会で唯一問題になるのは金額だけです。見舞金は、生存患者の場合は年額いくらという年金形式で払うという内容です。大人の患者と子どもの患者を分けていて、大人の患者は年額一〇万円を見舞金として払う。子どもの患者――その中には冒頭で話した上村智子ちゃんのような方も当然含まれます――の見舞金は原案では年額一万円でした。考えられますか。重大な被害を背負わされた胎児性患者、一生を台無しにされたと言ってもおかしくない被害を受けた患者に対する見舞金が、たったの一万円です。そのことに一番反発が出たのは当然です。胎児性患者をかかえた親たちからすれば、自分たちがかかえている被害がどれほど大変で深刻なものかということを毎日実感させられているわけです。それなのにこの子たちの見舞金は大人の一〇分の一でよいという調停案ですから、とても納得できない。そこに不満が集中していました。

その後いろいろなやり取りがありまして、最終的には三万円に引き上げられました。知事の調停案で唯一修正されたのはその部分だけです。ほかのところは一カ所も修正されていません。そういう形で患者家庭互助会は調停案を飲まざるをえなくなって、一九五九年一二月三〇日見舞金契約の調印の日を迎えたわけです。「これ以上の修正は応じられません」という知事の意向が伝えられているわけですから、患者側としてはもうどうしようもありません。そうして飲まされたのが、見舞金契約です。

見舞金契約の締結がどんな社会的な効果をもたらしたかというと、世の中の人たちは、これで〈水俣病〉問題は一切合切解決した、〈水俣病〉事件は終わったという受けとり方をしたわけです。これはチッソにとってはもちろん、被害の拡大防止に重大な責任を負っていた国にとっても、当時としては望ましい結果だったのです。文句をいう人がだれもいない。まさに紛争のない状態です。そういうことで〈水俣病〉事件は終わったことにされたのです。

ところが、当時、チッソ水俣工場と同じような製造工程でアセトアルデヒドを作っていた工場はほかにもあるのです。当時、「七社八工場」という言葉がよく使われましたが、会社としては七社、工場として水俣工場と同じようなものが八カ所あり、全部稼働していました。常識としては、当然、これらの工場も疑うべきでしょう。チッソ水俣工場でこれだけの問題が発生したのなら、同じ製造工程で同じものを作っているところで問題が起きていないのか、あるいは今後起きる可能性はないのかということに関心を持って当然でしょう。ところが、見舞金契約の調印と同時に、すべてが終わりにされてしまい、他工場の同じ製造工程に対する対策は何もとられません。その結果として一九六五年に、新潟〈水俣病〉が発生するのです。これは第二の〈水俣病〉ですから、第一の〈水俣病〉についてきちんと原因を究明して汚染防止の対策を講じていれば、一〇〇%防止できた事件です。〈水俣病〉を原因不明というあいまいな形で終わらせてしまったがゆえに、新潟の阿賀野川の中下流域を中心に〈水俣病〉と同じようなメチル水銀中毒事件が発生したのです。

前例二――一九九五年の政治解決

もう一つの前例は、一九九五年の政治解決です。これは閣議決定というかたちで、未認定患者を救済し、〈水俣病〉事件を最終的に解決する目的で行われたものです。このときに救済の対象になったのは約一万人です。いま特措法で救済申請中のものは六万三〇〇〇人です。一九九五年の政治解決のときは、いまとくらべると数はたいへん少ないです。なにしろ認定患者は二七〇〇人以下でしたから、それとくらべると一万人前後の人たちをあらたに救済したわけです。それで当時、政府は、これで〈水俣病〉問題はすべて解決した——そのときは「最終解決」ではなく「全面解決」ということばを使っていますが——全面解決が実現したと言っています。いまから考えると、とても全面解決とはいえない解決であったことは明らかです。今日、特措法上の救済申請が六万人を超えているという事実が物語っているように、九五年当時、潜在患者の大部分を対象として救済したわけではなかったことが、その後の経過で明らかになっています。

今度のいわゆる「最終解決」を含めて、中途半端な解決がなにを意味するか。それはごまかし以外のなにものでもない。新潟水俣病をひき起こし、あるいは九五年の政治解決の後もいぜんとして救済からもれた被害者を大量につくり出すという結果になっています。そもそも「解決」の名に値しないものであったということです。しかも、このようにあいまいな形で問題をおわらせることによって、本当はもっときちんと明らかにしなければならない、いくつもの問題が棚上げされてしまうことが非常に問題であると思います。

5　環境問題としての〈水俣病〉事件

(1)補償問題中心の事件処理

〈水俣病〉事件の歴史をみると、つねに最大の問題としてクローズアップされるのは補償問題です。一九五九年もそうでした。一九六八年の政府見解の発表、いわゆる「公害認定」の後も、浮上してきたのは補償問題です。その延長線上で訴訟がおきるわけです。残念ながら、〈水俣病〉事件の歴史をみると、大きな社会問題になってくるのは、補償問題です。しかし、環境汚染問題において被害補償がどういう優先順位を占めているのかということを、ぜひ知っていただきたいのです。

いま国連の環境対策の中で、予防原則ということが常識になっています。環境汚染によって健康被害を起こしてはならない。万が一被害がでた場合には、全力をあげてそれを最小限にとどめなければならない。これが環境対策の基本です。ところが〈水俣病〉の場合は、その二つとも失敗してしまう。〈水俣病〉を発生させないという予防に完全に失敗しました。一九五六年に〈水俣病〉の発生が公式確認された後、なんども被害の拡大をくい止めるチャンスがありましたが、全部見逃してしまうわけです。そうして、最大限まで被害を拡大させてしまったのが〈水俣病〉の事件なのです。

まずやるべきことは「予防」です。その後にくるのが「補償」です。優先順位の一番目は汚染の予防と被害の拡大防止、二番目にくるのが補償、救済の問題です。日本のように、最重要の問題は補償だという国は国際的にはひじょうに珍しいのです。しかし、これはじつは明治期の足尾鉱毒事件以来の事件処理の伝統なのです。足尾のときにも、見舞金を払うだけで、鉱毒の発生源対策はなにもやらない。これが足尾鉱毒事件処理の特徴です。

われわれは、法学部の学生に、損害賠償とはこういうものだというイロハをくり返し教えますが、日本では填補賠償という考え方が支配的です。填補というのは穴を埋めるという意味ですから、一〇万円分の損害を与えたら一〇万円を賠償させることによって穴を埋めるというのが填補賠償の考え方です。そうすることによって原状が回復される。これが損害賠償法の一番重要な理念です。しかし、法律の世界ではごく常識的なこの考え方を〈水俣病〉に当てはめてみてください。たとえば、上村智子さんの損害を一つの穴と見立てて、それをどうやって穴埋めするのですか。できますか。智子ちゃんがこうむった損害を本当に穴埋めできますか。できるはずがないと思います。これは明々白々でしょう。だから、〈水俣病〉の補償、賠償は、これで原状回復はできないけれど、そうしたことにしましょうという話でしかないのです。実際は穴埋めできないし、原状回復など不可能です。

しかも、日本の場合、もうひとつまずいことがある。英米には懲罰的損害賠償という考え方がありまず。英語では、punitive damages と言います。たとえば、智子ちゃんのような幼い子が、交通事故にあって顔にキズが残ったとします。填補賠償では、キズが浅い場合にはそんなに高い補償金額にはなりません。しかし、そういうダメージを抱えたままこれから成長し、結婚しなければならないということを考えると、被害者が受けたダメージはたんに穴埋めだけではすまないほど大きい。そういうことを、英米の法律では考慮できるのです。かりに穴埋めだけの賠償は一〇〇〇万円だと陪審員が判断したとします。一〇〇〇万円ばかりもらっても、顔にキズ跡を残したままこれから何十年も生きていかなければならない、どうしてくれますか——こういうときに加害者への懲罰として多額の賠償金を上積みします。填補賠償の金額の何倍にもなる懲罰的損害賠償を課すことも、決して珍しくない。とくにアメリカの場合には、環境汚染からいろいろな健康被害を発生させたり、モノの製造過程でミスがあってメーカーが製造物責任を問われたりする事件が起きていますが、そういう事件ではものすごい額の懲罰的賠償金が命じられるのです。それを決めるのは陪審員です。企業側がこれではたまらないというので、たくさん政治献金をして連邦議会や州議会に働きかけ、なんとか懲罰的損害賠償額の上限を制限するような法律を設けるよう運動しています。それが一部の州で成功しているというのが、NHKの報道でも紹介されていました。日本にはこういう制度がないのです。

智子さんは、どういう補償をされたかというと、一番重症のAランクです。Aランクの一時金補償は一八〇〇万円です。金額は一九七三年三月に出た判決と同じで、同年七月の補償協定でも再確認されていますが、一時金の最高額が一八〇〇万円なのです。これでも安いと思いますね。智子さんの二一年の生涯は一八〇〇万円で買えますか。しかも悪いことに、この金額が確定したのは一九七三年七月ですが、その年の一〇月には第一次オイルショックが起きます。原油価格が上がれば、そのほかの物価もみんな上がります。当時、大蔵大臣が「狂乱物価」という言葉をつかったように、一〇月にオイルショックが発生して、年末までにあれよあれよという間に物価が上がっていって、店頭から商品がなくなるという現象もおきました。物価はわずか数カ月で倍に上昇しています。これを〈水俣病〉の補償金に当てはめるとどうなるか。同じ年の三月に判決が出て、それをうけて七月に補償協定で確認された最高Aランクで一八〇〇万円というのは、オイルショックを受けたのちの貨幣水準ではちょうど半分位に下落していますから、実質は九〇〇万円です。わたしは気になったので、経済の専門家に、あの半年かそこらでどのくらい貨幣価値が下がったかということを、統計の数字で調べてもらいました。そうしたら、ほぼ半分でした。貨幣価値は五〇%下落した。補償金も実質的には半分に減っているということです。最重症の患者でさえ補償金はわずか九〇〇万円です。安いと思いませんか。ですから、補償問題というのは、そんなレベルの話なのです。それがさも〈水俣病〉の最重要のテーマであり、国中が大さわぎしなければならない問題だと考えること自体がおかしいんです。

(2) なされなかった予防と汚染対策

〈水俣病〉事件では、被害予防は画に描いた餅になりました。その意味で〈水俣病〉事件は、一種の人体実験ともいえます。これだけ広範囲にメチル水銀を放出して海を汚染し重大な被害をひき起こした例は、もちろん〈水俣病〉の前にはないです。〈水俣病〉の後にも、いくつかの国々では〈水俣病〉と同じようなメチル水銀による汚染問題が発生していると聞きますが、これほどの事件は起きていません。チッソがやったようにメチル水銀を排水として海に流すと、どのように汚染が広がってそこに生息する魚がどうなるのか、それを食べた人間が母体内の胎児を含めてどういう被害を受けるのか、こうした一部始終を明らかにすることこそが、いま残された最も重要なことであり、それを人類の教訓とすべきだと思います。人間は愚かですから、また同じあやまちを犯す可能性があります。それを防止するための教訓として、〈水俣病〉事件の経験を明らかにしてきちんと残すべきだと思います。それがいま求められている最も重要な課題だと思います。「最終解決」の名の下に、〈水俣病〉事件の解明を全部たな上げしたまま終わせてしまう。そういう日本の伝統的な事件処理で〈水俣病〉事件を終らせたら、未来への教訓は何も残りません。

医学的にも本当にわからないことばかりです、〈水俣病〉は。信じがたいことですが……。医学というのは、まず目の前の事実から出発して、これがどういう病気でどれだけ広がっているのかを考える。重症の部分だけ診ていてはだめなのです。軽症といわれる人はものすごく数が多い。ピラミッドの形にすると、底辺ほど被害は広がっているわけです。最近、救済の対象になっている人たちは、ほとんどが軽症の人たちです。ところが、その全容はほとんどわかっていない。臨床も病理も重症例に片寄りすぎています。そういうふうに〈水俣病〉の研究は、まだほんの一部しか明らかにできていない。これでは人類の教訓にするのはむつかしいと思います。

残念ながらもう五〇年以上が経過してしまって、いまでは調査できない問題もあります。国際的にいま一番問題になっているのは、低レベルのメチル水銀汚染が人びとの健康にどういう影響をあたえるかです。たとえば、毛髪水銀量でいえば一〇ppm以下。

そういうレベルの問題が、国際的には最大の関心事なのです。〈水俣病〉患者のように二五〇ppmとか四〇〇ppmなどというのは、今後そう簡単にはお目にかかれません。いま地球上に広がっている水銀汚染の問題は、低濃度のメチル水銀の影響が中心です。しかし、日本ではこのレベルの人たちを対象とする調査は皆無で提供できるデータはないのです。

(3)水銀をめぐる国際的環境汚染

水銀汚染は、現在進行中の問題です。水銀温度計や体温計はまだ使っているし、蛍光灯の中にも水銀ガスが入っています。いま日本では歯科用アマルガムはなくなっていますが、これも水銀化合物。車のスイッチ類も水銀を使っているといいます。いま最大の汚染源は石炭火力発電です。石炭には微量の水銀がかならず含まれています。世界中の石炭のうち、水銀含有量が多いのは中国の石炭です。中国は、これまで年率一〇%前後の経済成長をつづけてきました。そのためには大量の電力が必要で、その電力のほとんどは石炭火力でまかなっています。中国の石炭は水銀含有量が多いから、大気中に水銀を放出して大気汚染をおこすのです。正確な数字は統計がないのでわかりませんが、何年かまえに水俣を訪れた北京科学院の専門家に、中国では石炭火力を通してどれぐらいの水銀を大気中に放出していますかと聞いたのです。その先生は、たぶん毎年一〇〇〇トン以上は出ていると思うということでした。毎年一〇〇〇トンもの水銀が大気中に出ているというのです。これらはみんな無機水銀ですが、いずれ地上に落ちてくるわけです。怖いのはそのうちの一部がメチル化することなのです。無機水銀だけなら水俣のような健康被害は起きませんが、一部は必ずメチル化する。これがどんなに微量であっても、魚の体内に蓄積されるので、その魚を食べた人間に〈水俣病〉と同じような健康被害をひき起こす可能性があるのです。

無機水銀（たとえば硫化水銀）のメチル化の問題が発見されたのは一九七〇年のスウェーデンでした。それまではぜんぜん知られていなかったのですが、その後研究がすすんで、水銀分析の専門家である赤木洋勝先生の話だと、海水中ではメチル化しないらしいです。だから、海に流れこんだ水銀はなかなかメチル化しない。川や湖、水田などに流れた無機水銀は、一部は必ずメチル化する。スウェーデンの研究ではバクテリアが介在してメチル化するということでしたが、その後の研究では、一定の条件がそろえばバクテリアがいなくてもメチル化が起きるということです。これがどんなに微量であっても、プランクトンから魚の体内に入り、最終的に人間に入ってくる。食物連鎖の頂点に位置するマグロとクジラ類は水銀の蓄積量が意外に高いのです。

その意味でこの地球上はまだ安心できる状況にはないんです。現在でも水銀汚染は確実に広がっています。なんとかこれをくい止めなければいけないというので、国連の機関で何年も議論してきました。ようやく水銀の使用と排出を制限する方向がでてきて、条約をつくろうということになりました。それが「水銀に関する水俣条約」です。これは遅きに失したといってよいぐらいですが、近く調印できるところまできています（二〇一七年発効）。

6　質疑応答

司会：ご自身の〈水俣病〉との出会いから、「最終解決」をキーワードにしていろいろな側面についてお話いただきました。わたしは、〈水俣病〉患者の資料を見ていて、ときどき思うことがあります。それはこの第一回セミナーのときの細川医師のお話もそうでしたが、いろいろなところに「ここでもっと何かできたのではないか」と思う分岐点があるわけです。そのときにまちがった選択をしたから、こうなっているわけで、そのときになぜこういう選択をしてしまったのか、要するに機会を失ってしまったのか。きょうのお話でひじょうに印象深かったのは、中途半端な解決は害悪をもたらすということです。そうすると、私たちがある選択をするときに、あやまった方向に導く一つのキッカケになったのではないか——そういう考え方を missed opportunity（失われた機会）と言います——ということを感じながらお話をうかがっておりました。

これはわたしの受けとめ方ですが、いろいろご質問があろうかと思います。よろしければ、質問される方は自己紹介をしていただければと思います。それでは、さっそく質疑応答に入りたいと思います。

A：わたしは、熊本大学の社会文化科学研究科という新しくできた大学院で、先生方のご尽力のあとでできた交渉紛争解決学講座の教員をしているAと申します。まさにわたしたちの講座ができた意味は、先生がおっしゃられた、お金の問題、補償の問題はチッポケな問題なのです、本当の——という言いかたをしてよいかわかりませんが——解決もしくは進むべき方向はどちらなのだろうか、どうすればよかったのだろうか、ということを真摯に考えていく学問だと思って、その責任をできるだけうけ継ぎたいと思ってがんばっております。

わたし個人の関心としては、水俣の経験を現在に生かすという意味でいうと、じつは私は福島の原発事故の問題に関わるようになりまして、わたしは熊本にきて水俣に移り住んだのですが、福島にいたときにまったく水俣の経験が生かされていないし、恐ろしいほど似ていることが起きていると感じました。いま原発災害の事象を観察されている中で、〈水俣病〉の時代を闘ってこられた先生から、二度とくり返さないためにここをこうしたほうがよいということがあれば、ぜひご助言いただければということが一つあります。もし、福島に関わらなくても、水俣に関してでもよいですが、ここをこう変えていればよかったのではないかということがあれば、ぜひおうかがいしたいと思います。

富樫：水俣の事件と3・11の東京電力福島第一原子力発電所の事故は、否応なしによく比較される問題だと思います。共通する点は、水俣の経験がきちんとふまえられていたら、あのような事故がくい止められたのではないかということ。もう一つは、それにもかかわらず、水俣と原発事故のちがいも看過すべきではないということ。その二点についてお話します。

ちがう点から申しあげますと、かつて電気化学の方法でアセトアルデヒドを製造していたのですが、それには触媒としてかならず水銀を使わなければいけないのです。使うのは無機水銀ですが、それが反応過程でメチル水銀――水俣工場の場合は、ほとんどが塩化メチル水銀という化合物ができるのです。これはチッソ自身も分析してつかんでいなかったのです。それが探知できないまま、いわゆる設備廃水という、製造工程の最後にでてくる廃水の中に否応なしにメチル水銀がたまってしまう。それがその他の廃水と一緒に工場排水として海に流されるという経過をたどっているわけです。幸いにして、アセトアルデヒドの設備廃水はほかの工場廃水と比べると量がひじょうに少ないのです。だから、最終的には海に排出できないということになった段階で、チッソはメチル水銀を含む設備廃水を全部ドラム缶にためて、いっさい環境に出さないということにしました。そういうことが可能なのです。もちろん、海外の文献情報を含めて当時の技術でも、もっと早く廃水中のメチル水銀を探知できたのではないか、そもそも化学工場廃水の危険性にまったく無防備で、〈水俣病〉が公式に確認されてからはじめて、海に放出する工場排水を分析しているくらいです。一九三二年以来あれだけ長く操業していながら、チッソが最初に工場排水の分析をしたのは一九五六年です。安全性ということを念頭において工場廃水を分析し、少しでもあやしいもの、危険なものが入っていれば安全な処理を考える、あるいはもう基本的に出さないようにすることはチッソにとって十分可能だったと思います。

要するに、安全性ということをほんとうに何も考えていないのです。これは大学工学部の教育にも原因がありまして、排水処理の理論――理論というほどのものには当たらないと思うけれど――で、戦後かなりの時期まで希釈放流理論が主流でした。工場から出てくるときはきわめて危険なものであっても、海に流されると大量の水によってうすめられて無害化するという理論です。これが大学の工学部で堂々と廃水処理の理論として教えられてきました。チッソもある意味ではそれに従ったということでしょうが、大量の海水にうすめてしまえば最終的に無害化すると信じて、問題が起こるまでまったく廃水分析さえしていません。しかし、これは基本的に間違いなのです。工場廃水中の有害物質は確かにうすめられますが、どんなに微量でも消えてなくなることはない、ゼロになることはないのです。その後の研究でわかったのは、プランクトンから生物の食物連鎖を通して濃縮されていき、最終的に人間の口に入るということです。そういうことにもっと早く気づいていれば、対策はいかようにも立てられたと思います。

原発は連鎖的な核分裂を利用して電力を作りだすもので、原理は原爆と一緒なわけですが、最大の問題は何かというと、連続的な核分裂から膨大なエネルギーをひき出して利用するというテクノロジーで、われわれは完全に核分裂をコントロールできているかというと、そこに大きな疑問があると思います。いまの原発の技術は、人間がどんな場合にも完全にコントロールできるというメドがないままに工業化、実用化されてきている。わたしはそこに根本的な問題があると思います。わたし個人は、こういう段階での核エネルギーの利用はやめるべきだと思う。完全にコントロールできない以上、いつどこで予想外の問題が発生しないとも限らないし、人間はそれに対する責任を負えないのです。そこが化学工業と根本的にちがうと思います。

もう一つ言いたいのは、安全性の考え方です。われわれは〈水俣病〉の第一次訴訟で過失論をつくるために、当時の理論物理学者が提唱していた「安全性の考え方」を勉強しまして、それにヒントをえて新たな過失論を展開したのです。その考え方はまだ日本の社会に十分定着していないと思う。もともとの理論がでてきた発端となる事例は、大気中の核爆発実験が安全かどうかという問題でした。これが全然安全ではなかったことは、その後の放射能汚染でも証明されていると思います。そのときに、核実験を支持する側の人たちは、次つぎに大気中の核実験をやっても、とくに具体的な健康被害がでたという報告はない、と言った。しかし、日本で第五福竜丸の事件が起きたことはご存知でしょう。現時点で有害の証明がなければ核実験は許される、あるいは廃水を流すことが許される、という考え方じたいが問題なのです。これは〈水俣病〉事件でも証明されたように、いったん問題が発生し、被害が出たら、もはやとり返しがつかないのです。同じことは原発事故でもいえます。

その逆の考え方が、「安全性の考え方」です。いま有害だという証明がなくても、二〇年後、三〇年後、五〇年後に有害な結果が出てくるかもしれない。それはありえないという、安全であることの確証がないかぎりは、やってはいけない、使ってはいけないというのが、「安全性の考え方」です。そういう「安全性の考え方」を守っていれば、たぶんあんな事故にはならなかったのではないか。採算ベースからは、「安全性の考え方」をふまえて十分すぎる対策を講じるのは、その時点においては無駄な投資のように見えてしまうのです。たとえば、大きな津波がくることを想定して巨大な堤防を築くとか、総電源停止にならないように二重・三重の予備電源を分散しておいておくとかいうことは、その時点では一見無駄な投資です。東電はそれを徹底的に怠ったのだと思います。それが今回の大事故を招いた最大の要因になっている。地球上では、どこでも災害の可能性はゼロではないのだから、そのためになぜきちんと対策を講じ、投資しておかなかったのかということは、必ず問われるべきだと思う。安全性をきちんと踏まえて、なぜ環境汚染なり原発事故に対処しなかったのかという点です。

司会：講演の続きのようになっていますが、よろしいでしょうか。ほかにございませんか。

B：貴重なご講演、ありがとうございました。わたしは熊本大学法学部を卒業して、法社会学の教授のもとで勉強しまして、卒業後は交渉による紛争解決・組織経営専門職コースで修士号をえまして現在にいたっております。きょうの講演の中でとても印象的だったのは、特措法の考え方としては紛争解決と言いつつも、じつは紛争の一方的な消滅に近いのではないかということに、考えるところがありました。法治国家である以上、法をベースにした解決がのぞまれると思いますが、今回のように大規模で未曾有の事態の場合には、それすらも追いつかない。かといってＡＤＲ（裁判外紛争解決）をするに当たってもパワーバランスが全然違う。国や企業、一方は水俣でくらしていた住民。こういった力関係の差が大きい中でそれもうまくいくのかと考えると、こういった紛争がおきた場合に解決しないほうがよいのではないか、「解決」ということばを使わずに、定期的・永続的にとり組みをつづけていくべきではないかと思いますが、実際にはそれもむつかしいと思います。そこで先生におたずねしたいのは、もしこういった事態がこれから起きた場合に、どういったとり組みを政府レベル、あるいは私たち住民レベルがしていくべきかについて、少しでも示唆をいただけたら幸いです。

富樫：一九五六年の〈水俣病〉の公式確認から半世紀以上経過して、それをわれわれは〈水俣病〉事件史ととらえていますが、この半世紀をこえる歩みをみてくると、パワーバランス、力関係の強弱によって事件の処理の仕方、あるいは補償・救済の中身が全然違ってきます。これは〈水俣病〉の事件史の年表をとおして見るとものすごくわかりやすいと思います。特措法がどさくさまぎれに立法化された。チッソはその一〇年前から分社化をねらっていたという事実があり、なかなかそれを出せなかったのですが、あのチャンスに出してきて実現させたというのは、当時の政治状況とともにパワーバランスが大いに関係しています。特措法が立法化され国会を通過した段階で、被害者サイドは負けたと思います。もっと彼らの力が強ければ、たぶん成立を阻止できたでしょう。

〈水俣病〉の歴史の中にも、患者のパワーがものすごく大きくて、そういうことが十分可能な時期もありました。ところが、かつて患者運動のリーダーだった川本輝夫さんのような人たちが次つぎに亡くなっていく。過去にいろいろつらい経験をしてきた人たちも高齢化して、ほとんど動けない。かといって、いま被害者の中心になっている層は、全然そういう経験も知識もない。そういう状況の中で、あの法律が通ってしまった。わたしは、何度も思いました。川本さんとは一九七〇年以来亡くなるまで深いつき合いをしましたので、あの立法が問題になったときに川本さんがおられたら、たぶんこのままでは済まないだろうなと思いました。かならずあの人は何かをはじめたに違いない。そういう人なのです。

認定問題ひとつとっても、パワーバランスの波がすごく大きいのです。患者サイドのパワーがひじょうに高まっているときには、国は相当押し込まれて、患者側に有利な決定が出てくる。ところが患者側の力がダウンしてくると、逆に行政側が攻勢に出てくるのです。たとえば、一九七一年に川本さんたちが闘って、画期的な環境庁裁決をひき出しました。これは認定制度に対する、患者サイドからのはじめての異議申し立てでした。あのとき患者側が初めて異議申し立てをして、それを無視できないから認定基準が変わったのです。ところが、一九七七年には「判断条件」という、認定の基準を狭める新しい基準が出てきた。一〇〇人認定申請をしても、たぶん一〇〇人とも棄却になるような厳しい状況です。そんな認定制度を作ったら、被害者救済の意味はほとんどないと思うのですが、環境省は、それでよいという考え方です。そのため、認定申請自体はひじょうに少なくなっています。川本さんたちが闘って認定基準が見直された。その後、第一次訴訟の患者側の主張が認められた判決が出たために、ものすごい勢いで認定申請が増えて、認定制度がパンクしてしまった。認定申請は一番多いときで五〇〇〇人を超えたのです。それを解消するために、「判断条件」が出てきたのです。

このように〈水俣病〉の問題は、地域レベルや国家レベルの力関係でものすごく左右されてきたのです。残念ながら、いまは患者サイドが高齢化して、抵抗するパワーがどんどん低下していく局面を迎えています。状況は悪くなる一方です。だから、ここに集まっているみなさん一人ひとりが、どうするのかと考える必要があるのではないでしょうか。

C：水俣から来ました、チッソOBのCと申します。じつは私は、富樫先生や丸山先生、有馬さんなどと「水俣病研究会」からずっと〈水俣病〉問題をやっていて、現在も第二世代の裁判の訴訟などにかかわっておりまして、明日も口頭弁論があります。さきほど、富樫先生の毛髪水銀が五ppmで、丸山先生は七ppmぐらいあるということでしたが、わたしはたぶんそれ以上あるのではないかと思いまして、今回思い切って認定申請しました。きょうは、そういう観点から二点ほどお聞きしたくて、出席させていただきました。

まず、特措法では〈水俣病〉の問題は全面解決にならないと思いますが、公健法も地域指定等をやって終わらせようという動きがあるのではないかと思います。その点についてどうなのかというのが一点目。

それから、きょうは弁護士の先生も見えておられて、現実的にいろいろなところで会社が主張しているることはご存知だと思いますが、チッソは一九六八年にアセトアルデヒドの製造を停止したことで汚染は止まった、したがってそれ以降は〈水俣病〉が起こるようなことはないというわけです。しかし、先ほど先生が言われたように、〈水俣病〉問題はまだ全然終わっていない、医学的にも未解明の部分が多いということです。したがって、わたし自身は、チッソがアセトアルデヒド工場を止めたあとも現実に不知火海には水銀があり、汚染魚もいましたので、ずっと汚染はつづいていると思うのですが、チッソは〈水俣病〉が出るようなことはないと言っています。今日、先生は時間の都合で話されなかったと思いますが、いつまで汚染がつづき、その影響はいつまで残るのか、これは、いわゆる微量汚染の問題であり私たちの問題でもあるので、そのへんについてもぜひお考えを聞かせていただきたいと思います。

富樫：特措法による救済においても、基本的には救済対象地域を定めています。原則として対象地域でなければ救済をしないと。たとえば、天草ですね。ここがA町、隣りがB町とするでしょう。両方とも漁業で生活している人たちがたくさんいて、同じ海で操業しているのです。ところが、Aは対象地域ですが、Ｂは対象地域外です。対象地域外であってもメチル水銀汚染を受けたことを自分で証明するなら救済の対象にするというけれど、そんな証明はそう簡単にできないでしょう。だれが考えても、バックグラウンドにあるのは同じ不知火海の環境汚染ですから、隣りあった町で、しかも同じ漁業しているのに、Ａは対象地域、Ｂは対象地域外という線引きはどうやったらできるのか。行政は、Ａからは認定申請があって、過去に一人認定患者が出ているけれど、Ｂからはそういう患者が出ていないと言う。根拠はこれだけですよ。Ｂという町から認定申請が出るかでないかは、個人個人の考えにもよりますが、漁業で食べている地域だと漁業協同組合がどう考えるかによってものすごく左右されるのです。風評被害がこわいからです。患者が一名でも出ると、そこからは魚を買わない。過去にそういうことがありましたから、漁協はそれを恐れて、できれば自分の町から認定申請を出してほしくない。こういうことはいくらでもありました。そういうきわめて社会的な偶然によって、こちらから一名の患者が出ているけれど、隣町では一名も出ていない。そういう違いでしかないのに、これで対象地域を分けているのです。

それから、チッソのメチル水銀を出す工場が稼働を停止したのが、一九六八年五月です。これはすでに石油化学への転換が終わって、千葉県五井工場で同じような生産ができていたから、用済みになって止めただけの話で、これ以上海を汚染してはいけないから早めに止めたというわけでは全然ないのです。たしかに水銀を使う工場が操業停止になったわけだから、それ以後、工場から水銀は海に出なくなりました。だけど、この操業停止までにメチル水銀はずいぶん長い期間、大量に海に出ているのです。たとえば、午前中に水俣湾に排水したものが、夜には外洋に出ていくというようなことはありえませんし、どんなにうすめられても食物連鎖で魚に蓄積していきます。操業を停止したとたんに、汚染はなくなるということは科学的にありえない。それ以前に出したメチル水銀が水俣湾を汚染し、不知火海を汚染しているわけです。では、汚染はいつまで続いたのか、汚染魚を食べた住民の人たちはいつまで健康被害を受けたのかということが問題ですが、調査したデータがないのです。だから、ほとんどトリックに近いような水掛け論をやっているわけです。工場を止めたから急速に汚染はなくなったはずだ、というのは実証されていない一つの仮定にすぎないのです。

もう少しマシなのは、一九六八年五月に操業停止した直後は汚染が残っていたとしても、翌六九年一二月頃でだいたい汚染は終わったはずである。だから、一九七〇年以降は汚染の影響はないとみるべきだというので、一九七〇年一月以降に出生した人たちは救済の対象にならないのです。しかし、これにはなんのデータの裏づけもありません。まったくいい加減な話です。海の汚染調査は、熊本県は一時「環境調査」という名称を使っていましたが、これを一回もまじめにやっていない。これをやってデータをとるべきでした。いつまで汚染が続いたのかを調査しようと思えばできないことはない。だけど、それをまったくやっていないのです。行政は、裁判でも堂々と、排水口から出なくなった時点で汚染はなくなった、という非科学的な論理を主張しています。そんなことは常識でも考えられないでしょう。

過去に鹿児島大学の一部の先生方が多少調査をしています。不知火海の海底はけっこう複雑だそうです。一面砂地のまっ平らな海底でないことは、私たちでもわかります。サンプル調査をしてみると、ホットスポットがあるそうです。いまは放射能汚染でも問題になっていますが、同じ海でも、あるところは平均水準まで汚染がなくなってきているけれど、あるところはまだけっこう水銀が残っていたり、周辺に棲息する魚を調べると水銀値が高かったりするのです。熊本県は、年に一回か二回ぐらい汚染海域の魚類のサンプリング調査をして、毎年、水俣湾も不知火海も安全ですという宣言を出しています。しかし、三〇とか五〇とかのサンプリングをしてその魚の水銀値を測りますが、検体の一つ一つは場所がちがうので、その生データを発表すればホットスポットが浮かび上がってくるはずです。ここは大丈夫だけれど、こっちは高かったというデータが出てこないのはおかしいです。ところが県は、検体のデータを全部平均してしまい、魚介類の暫定規制値以下であるから安全であると、判でおしたように毎年同じ発表をくり返しています。科学的にこれはおかしいでしょう。鹿児島大学の先生がいうように、海にもホットスポットがあるのです。海底の地形はものすごく複雑で、そこに海流が入ってくるから、場所によって遅くまで汚染が残るところが必ずできてしまう。当然、その周辺に棲息する魚は他よりも汚染度が高くなる。そういうことを含めた、細かい科学的な調査をきちんとやらなければ、不知火海の汚染は何年までに終わったということは言えません。そういうことを何もやらずに、堂々と安全宣言をしている。意図的にホットスポットを隠しているとまでは疑いたくないけれど、なぜ全部平均してしまって、暫定規制値以下だから安全だというのか。生のデータを出せばよいではないか。疑えば、たぶんどこかで規制値を超える数値が出ているのかもしれません。それは平均すれば見えなくなりますから。複雑な海底の状況、潮の流れの状況によって、汚染の広がる速度は場所によってさまざまなはずです。みんな一様に汚染されていったわけではないと思います。

司会：よろしいでしょうか。それでは、質疑応答もずいぶん盛り上がりましたが、これで終わりにさせていただきます。富樫先生、長時間、本当にありがとうございました。

第Ⅱ部　未解明の〈水俣病〉事件

一　〈水俣病〉未認定患者の「救済」——政治解決の意味するもの

1　はじめに

〈水俣病〉事件と国家とのかかわりは深い。〈水俣病〉の発生確認、原因の究明、被害の拡大防止と被害者救済のいずれにも、国は当初から深くかかわってきた。原因企業の能力を越える形で大きな社会的、政治的問題に発展した事件をどう解決するかは、基本的には国の政策選択の問題である。その意味では、〈水俣病〉の発生確認以来、つねに国の解決策が問われてきたといっても過言ではない。政府は、戦後五〇年の節目にようやく〈水俣病〉問題の「最終的かつ全面的」な解決に乗り出した。水俣病未認定患者の「救済」がそれである。

〈水俣病〉未認定患者[1]とは、行政上の認定制度によっては〈水俣病〉[2]と認定されなかった被害者をいう。こうした未認定患者は、かねて一万人を下らないであろうと指摘されていた。そのうち三〇〇〇人近い人びとが、この二〇年来、認定申請や行政不服審査請求をくり返し、また訴訟や自主交渉などの方法で、国と加害企業に対し〈水俣病〉の被害者としての確認とそれに見合う正当な補償を求めてきた。

一九九五年の政治解決は、この問題を政府の責任において解決し、長い間社会問題化していた紛争に終止符を打とうとするものであった。政府は、〈水俣病〉問題の「最終的かつ全面的な解決」を図ることを目的として、各患者団体にその解決案を提示した。一九九五年一〇月、〈水俣病〉関西訴訟の患者グループを除くすべての患者団体がこれを受け入れたため、社会問題としての未認定患者の問題は、これで一応決着したことになる。(3) 政府解決策を受け入れた患者側は、認定申請や行政不服審査請求はもちろん、第三次訴訟その他の国家賠償訴訟もすべて取り下げた。

いまや〈水俣病〉関係の訴訟としては、〈水俣病〉関西訴訟の控訴審と「待たせ賃」訴訟（認定業務の遅れによる国家賠償訴訟）の上告審を残すだけとなった。このような状況のなかで、〈水俣病〉に対する行政の責任を追及し、〈水俣病〉患者としての認定を求めつづける関西訴訟のもつ意義は決して小さくはない。しかしながら、患者グループの主力部隊が政府解決策を受け入れたことによって、社会的には、〈水俣病〉問題は解決したと受けとられていることも否定できないであろう。その意味では、一九九五年の政治解決は一応所期の目的を達成したといえる。

この政治解決をどう評価すべきであろうか。一方では、患者側が掲げてきた目標に照らして、解決策はきわめて不十分な内容であり、患者側がこれを受け入れることは文字どおり「苦渋の選択」であったという見方がある。他方、認定制度による患者切りすて政策を転換させ、ともかく未認定患者の「救済」を実現したという点で、これを積極的に評価する向きもある。私は、いずれを是とすべきかをここで論じるつもりはない。

むしろ、ここで問題にしたいのは、この解決策にいたる過程とそれのもつ事件史上の意味である。そして、事件史的意味を問うためには、その複雑な成立過程を含めて、「政治解決とはいったい何であったか」を事実に即して検討してみる必要があろう。

2　未認定患者の要求と戦略

(1)未認定患者の問題

前述のように、未認定患者とは、水俣市その他の〈水俣病〉発生地域に居住してメチル水銀に汚染された魚介類を摂食し、四肢末端の感覚障害などの健康被害をもちながら、行政上の認定制度によっては〈水俣病〉と認定されなかった者をいう。

こうした患者が〈水俣病〉発生地域に一万人規模で存在するということ自体、きわめて異常な事態であるが、このような事態を作り出した制度的な原因が現行の認定システムにあることはいうまでもない。とくに一九七七年に定められた認定基準(「後天性水俣病の判断条件」)とその運用の結果として、大量の未認定患者が生み出された。しかも、「判断条件」に医学的な根拠があるのかどうか、また公害健康被害認定審査会におけるその運用がはたして適正になされているかなどの問題は、いぜんとして解決されていない[4]。

〈水俣病〉の認定を難しくしている要因はこれだけではない。行政の怠慢により、メチル水銀に曝露された不知火海沿岸住民を対象とした疫学調査がきちんと行われてこなかったために、〈水俣病〉かどうかの判断に必要な基礎データが不足しているのである。行政の責任において汚染地域住民の健康状態を継続的に調査する必要があったことはいうまでもないが、定期的な毛髪水銀量の調査だけでも実施していれば、〈水俣病〉の認定はもっと容易になったはずである。しかし、これらの調査は行われなかったばかりではなく、認定審査会においては、過去のデータの欠落はすべて患者側の不利益に解釈されている。

（2）未認定患者の要求と運動

認定申請を棄却された患者たちは、〈水俣病〉ではないとする結論に納得できず、あくまでも〈水俣病〉患者としての確認を求めてきた。むろん、申請を棄却された患者の行政上の救済手段としては不服審査請求の方法があるが、これも「判断条件」を前提としている以上、この方法で未認定患者が認定される可能性はほとんどない。そうすると、残された手段は、裁判で〈水俣病〉と認定してもらうしかないということになる。

　こうして訴訟の道を選んだ未認定患者はきわめて多い。もちろん、すべての患者が訴訟を起こしたわけではなく、チッソとの自主交渉によって問題を打開しようとしたグループや、先行する患者グループの闘いに望みを託してひたすら待ちつづける人びともいた。しかし、訴訟以外の方法で自力解決の可能性があったかといえば、客観的にはほとんどなかったといってよい。

　未認定患者に関わる訴訟は、一九八〇年の〈水俣病〉第三次訴訟を皮切りに、関西訴訟（一九八二年）、東京訴訟（一九八四年）、京都訴訟（一九八五年）および福岡訴訟（一九八八年）と、八〇年代にあいついで提起され、新潟でも同様の第二次訴訟が提起された（一九八二年）。そして、これらの訴訟の原告数は、最終的には二千数百人に達した。このうち、関西訴訟を除く訴訟の原告と弁護団は、一九八四年八月、共闘組織として「水俣病被害者・弁護団全国連絡会議」（全国連、事務局長・豊田誠）を結成した。

　そして、未認定患者の救済問題については、終始、全国連が主導権をにぎりつづけるのである。政治決着にいたるプロセスも、この全国連の運動なしには考えられない。

(3)国家賠償請求訴訟と全国連

全国連が結成されるのは一九八四年であり、その和解戦略が明確な形をとるのは一九八七年以降のことである。しかし、ここでは、全国連の結成に先立って提起された第三次訴訟からみていくことにする。

①国家賠償請求訴訟とチッソの経営危機

「水俣病被害者の会」に属する未認定患者は、一九八〇年五月、国、熊本県およびチッソを相手どって損害賠償請求訴訟を提起した(第三次訴訟)。これは、水俣病に対する国・県の国家賠償責任を問う最初の訴訟であり、その後の一連の国家賠償訴訟の出発点になった訴訟である。

〈水俣病〉に対するチッソの責任は、一九七三年三月の第一次訴訟判決で確定したが、国・県の法律上の責任はまだ一度も問われていなかった。しかし、〈水俣病〉事件の経過をみる限り、〈水俣病〉が公式に確認された後も、漁獲禁止や排水規制という抜本的な対策をとらず、際限なく被害の拡大を許してきた行政の責任は、被害者である漁民と患者にとっては明白な事実であった。したがって、裁判で行政の責任を明らかにすることは、被害者に残された大きな課題になっていた。その意味では国家賠償訴訟の提起はむしろ遅すぎたともいえる。

しかし、第三次訴訟が国家賠償請求訴訟の形をとったのは、それだけの理由からではない。第一次訴訟の判決後、認定患者の数が急増するにつれて、チッソの経営危機が表面化し、最悪の場合には補償倒産の可能性も出てきた。そうした事態を避けるために、一九七八年よりチッソ支援策として熊本県債が発行されるようになった。こうして、補償対象者を決定する患者認定はもちろん、補償原資の調達についても、チッソはもはや当事者能力を喪失していた。したがって、万一、チッソが倒産した場合には、国・県にその補償責任を肩代わりしてもらうしかないという状況にあった。

第三次訴訟を提起した患者らが、チッソのほかに国・県を相手どって損害賠償を請求した背景には、このような事情があった。もし裁判で国・県の責任が確定するならば、国・県は、被害者に対し、チッソと連帯して賠償責任を負うことになる。期間を区切った、一種の政治的な取りきめであるチッソ支援策と比べれば、これほど確実な債務保証はないであろう。なお、その後の東京訴訟、京都訴訟および福岡訴訟で、被告にチッソの子会社を加えたのも、同じ債務保証という発想から出たものである。

このことは、被害者側が国の責任を問う姿勢にも影響を与えずにはおかないであろう。つまり、あくまで国の加害責任を究明するという大義と国による債務保証を確実なものにするという要請のうち、どちらを重視するかという問題である。この点は、新潟の場合と比較してみれば一層明らかになるであろう。

新潟の第二次訴訟も、国と昭和電工を相手どった国家賠償訴訟である。しかし、チッソとは異なり昭和電工には経営危機の問題は存在しない。したがって、新潟では、まさに大義の問題として第二〈水俣病〉に対する国の責任を追及することが可能な状況にあったといってよい。これに対して、熊本では、患者救済とチッソの経営危機は不可分の問題であり、国・県の関与しない形での解決はありえない。熊本と新潟のこうした状況のちがいは、その後の運動や政治解決への対応においても微妙なちがいとなって現れた。

②大量・分散提訴のねらい

熊本の第三次訴訟につづいて、東京、京都および福岡の各地裁にあいついで国家賠償請求訴訟が提起された。とくに一九八四年の東京訴訟の提起と全国連の結成は、その後の未認定患者運動に決定的な影響を与えた。

東京訴訟の原告は、首都圏に住む患者も含まれてはいるが、その大半は鹿児島県出水市在住の患者たちであった。通常、鹿児島県の被害者がわざわざ東京地裁に足を運んで訴訟を起こすようなことは考えられない。このように、とくに東京地裁を選んで提訴したところに、政治を強く意識した全国連の考え方の一端が現れている。

東京訴訟を含めて全国連の大量・分散提訴のねらいは、次の点にあったとみてよい。

まず、汚染地域の住民検診で掘り起こした潜在患者を次々に原告団に加え、国家賠償訴訟の原告数を千人以上の規模にすることによって未認定患者問題を重要な社会的・政治的問題として押し出すというねらいである。そこには、被害者の数の大きさが政治的な力を生み出すという考え方がみられる。

また、すでに第三次訴訟が係属中の熊本地裁だけでなく、東京地裁や京都地裁などに分散提訴したのは、問題を全国化して国民世論を盛り上げるとともに、最終的な解決の舞台として東京地裁を重視するという考え方があったものと思われる。この点は、のちに具体化する全国連の和解戦略をみれば明らかであろう。

③第三次訴訟（一陣）の一審判決

〈水俣病〉国家賠償訴訟の一審判決は、一九八七年三月の第三次訴訟（一陣）の熊本地裁判決を皮切りに、一九九二年から九四年にかけて、東京地裁、新潟地裁、熊本地裁（二陣）、京都地裁および大阪地裁からあいついで出された。これらの六つの判決のなかで、事件史的にみてとくに重要と思われるのは、第三次訴訟(一陣)の熊本地裁判決と東京訴訟の東京地裁判決の二つである。熊本地裁の判決(いわゆる相良判決)は、〈水俣病〉に対する国・県の責任をはじめて認めた判決として重要であり、これに対して、国・県の責任を否定した東京地裁の判決は、病像論を含めてそれまでの裁判の流れを変える分岐点になった判決である。

第三次訴訟(一陣)の相良判決は、最大の争点であった国・県の責任はもちろん、病像論についても、原告側の主張をほぼ全面的に認めた。その意味で、判決は患者側に予想以上の勝訴をもたらしたともいえよう。全国連は、この一九八七年判決をきっかけとして、和解による解決に向けて大きく方針を転換していくのである。

(4)早期全面解決の運動方針

①あいつぐ和解勧告

判決後の動きとして、全国連は、一九八七年八月、まず「水俣病医療救済法案要網」を発表し、これを各政党に説明して協力を求めた。この要網は、〈水俣病〉発生地域に一定期間居住して一定の神経症状を有する者に対して「特別医療手帳」を交付し、国が医療費と医療手当を支給するというものだが、この救済内容は、のちの中央公害対策審議会(中公審)の答申を先取りしたものとして注目される。

つづいて全国連は、一九八九年一月に開かれた総会で、〈水俣病〉問題の早期全面解決のための運動方針を決めた。新しい方針は、①現行の認定制度による救済のルールと並んで、司法による救済のルール(いわゆる「司法救済システム」)を確立する。②各地の訴訟で、結審―解決勧告―判決を連続的にかち取り、政府を交渉のテーブルにつかせることなどを骨子としたものである。「生きているうちに救済を」というスローガンが口にされるようになるのも、このころからである。

全国連のいう「司法救済システム」の具体的な内容は、同年一〇月、熊本県との実務担当者協議で初めて明らかにされた。司法による救済システムとは、要するに、裁判上の和解の方法で問題を解決する方式である。つまり、裁判所を舞台に被害者側と国・県・チッソとの間で和解交渉を積み重ねて、最終的には「確認書」の形で解決の基本ルールを合意する。救済の内容は、①医療費の支給、②年金の支給、③一時金の支払いの三本立てである。この解決方式を具体化するためには、まず裁判所から和解勧告を引き出す必要があることはいうまでもない。

このような基本方針に基づいて、全国連は、翌一九九〇年三月から四月にかけて、東京地裁その他裁判所に対して和解勧告を要請する上申書を提出するとともに、舞台裏で裁判所を説得する活動を行った。和解勧告にあたって裁判所が最も苦慮した点は、はたして国が和解に応じるかどうかということであったと思われる。国抜きの和解では、紛争解決の実効性はほとんど期待できないからである。しかし、結果的には、この点の確認が十分得られないまま、和解勧告が行われた。

一九九〇年九月二八日、まず東京地裁が和解勧告を出し、このあと熊本地裁（一〇月四日）、福岡高裁（一〇月一二日）、福岡地裁（一〇月一八日）、京都地裁（一一月九日）があいついで和解を勧告した。

②スモン型和解の戦略

全国連の和解戦略は、スモン事件の和解決着をモデルにしたものと思われる。全国連傘下の弁護団にはスモン和解を手掛けた弁護士が含まれており、その一人である豊田誠弁護士は、東京訴訟が提起された一九八四年当時から、〈水俣病〉問題も最終的には和解で解決するしかないと語っていた。東京訴訟の提起は、その重要な布石とみることができよう。

ところで、「キノホルム」を原因とするスモン事件は戦後最大の薬害事件であり、その被害は全国に広がった。スモン訴訟も、東京をはじめとして、札幌、仙台、前橋、静岡、金沢、京都、大阪、神戸、広島、福岡の各地裁に提起された。このうち、東京地裁の原告が全国の原告の約半数を占めた。被害者はいくつかのグループに分かれ、さらにその内部で判決派と和解派に分かれて対立した。

和解決着にいたるまでに、事件は長く複雑な経過をたどった。最初に和解を申し出たのは、被告の製薬三社(チバガイギー・武田薬品工業・田辺製薬)である。これを受けて、一九七六年九月、東京地裁(可部恒雄裁判長)は和解を勧告し、翌七七年一月には第一次和解案とそれを理由づける判断である「所見」を提示した。可部所見は、国の責任について明確な断定こそ避けたが、限りなくクロに近い判断を示した。このあと、厚生省は和解協議に応じる旨を発表した。被害者側は、判決と和解のはざまで揺れつづけた結果、同年一〇月、和解派の原告三五人と被告である武田薬品・チバガイギー・国との間で最初の和解が成立したが、この段階では、まだ全面解決にはほど遠い状況であったといえよう。

和解成立後、一九七八年から七九年にかけて、東京地裁を含む全国九つの地裁からあいついで一審判決が出た。いずれも被害者側勝訴の判決である。なかでも一九七八年八月に言い渡された東京地裁の判決は、国の責任を明確にするなど、その後の判決に与えた影響は大きい。これらの一連の判決で原告勝訴の流れは確定的になったといってよい。判決をふまえた交渉の結果、一九七九年九月、被害者らの代表と国・製薬三社との間で最終的な合意が成立し、確認書が作成された。この「確認書」和解には、東京地裁の和解案に加えて、新たに健康管理手当(月三万円)の支給などが盛り込まれた。確認書の調印後、全国の地裁・高裁に係属していたスモン訴訟は、裁判上の和解により終了した。

以上がスモン事件のおおよその経過である。[5] これについて、次のような特徴を指摘することができる。

▽和解と判決のいずれにおいても、東京地裁が主導的な役割を果たした。

▽スモンに対する国の責任は免れないとの認識に立って、国は早くから和解協議に応じる方針をとった。

▽スモン事件は「確認書」和解で最終的に決着したが、それまでに出た多くの判決で解決策の土台が形成されていた。

こうしたスモン事件の特徴と比べて、〈水俣病〉問題には次のような重要な違いが認められる。

第一に、スモン事件では、薬事法により医薬品の製造・販売について許可承認権をもつ国の責任がただちに問題になるのに対して、〈水俣病〉に対する国の責任は、法の不備の問題も重なって薬害事件ほど単純ではなく、患者側と国との間で大きな対立点になっていた。第三次訴訟（一陣）の熊本地裁判決は、きわめて大胆に国の責任を認めた唯一の判決だが、その判断が後につづく東京訴訟の判決などで支持されるかどうかは多分に疑問であり、少なくとも一九九〇年の時点で国がその責任を認めて和解協議に応じる可能性はほとんどなかったと思われる。

第二に、病像論についても患者側と国との見解の相違は大きく、行政側が「判断条件」に固執する限り、この点について合意が成立する可能性はまったくなかったといってよい。

第三に、〈水俣病〉問題について東京地裁にスモン事件と同様の役割を期待することは、もともと無理であった。東京スモン訴訟は、最初に提起された訴訟であるだけでなく、原告の数も圧倒的に多い（三四五七人）。その点で、東京地裁はスモン訴訟が係属する全国の裁判所のなかでとりわけ重要な位置を占めていた。これに対して、〈水俣病〉東京訴訟が提起されたとはいえ、被害者の大多数はいぜんとして熊本地裁に係属する第三次訴訟の原告たちであった。その意味で、東京地裁はもともと和解戦略の拠点にはなりにくいところであった。

3　和解勧告に対する国と熊本県の対応

(1)熊本県の対応

東京地裁の和解勧告に対して、細川護熙熊本県知事(当時)は、ただちにこれを受諾するとの態度を表明した。やや遅れて、チッソも同様の態度を決定した。

熊本県の受諾回答は、一般には意外の感をもって受け止められた。国家賠償訴訟で共同被告となっている国・県は、終始、共同戦線を張って訴訟を追行していた。裁判所の和解勧告に対する対応についても、両者が十分協議のうえ態度を決定するものと予想されたからである。その意味で、事前協議なしに熊本県が単独で態度を決定したのは、きわめて異例のことに属する。このような熊本県の方針は、知事独自の判断で決まったものといわれ、まず熊本県がいち早く和解勧告に応じることによって国の決断をうながすことが知事の狙いであったという。その狙いは実現しなかったが、二期目の任期満了を目前にした細川知事がこの一件で政治的に脚光を浴びたことは間違いない。しかし、まもなく退任する知事はその後の事態に対しては責任を負い得ない立場にある以上、こうした決断は無責任のそしりを免れないであろう。

ちなみに、後日、首相となった細川は、〈水俣病〉問題の早期解決についてはまったく熱意を示さなかった。

(2)国の対応と救済策

①和解勧告には応じない

東京地裁から和解勧告を受けた政府は、「水俣病関係閣僚会議」を開いて協議し、現時点で和解勧告には応じられないとの態度を決定した。政府と与党・自由民主党は、国家賠償責任の有無は裁判で決着をつけるべきものであり、病像論についても交渉の余地はないというのが一貫した立場であった。このような見解が変わらない限り、和解に応じないとの政府の方針は十分予想されたことであった。

こうした政府の態度決定の背景には、〈水俣病〉問題はスモン事件とは異なるという判断があったことも間違いないであろう。

国は第三次訴訟(一陣)の熊本地裁判決で敗訴したが、これで国の責任が確定したわけではなく、その後の訴訟で相良判決とは異なる判断を引き出す可能性は残っていた。また、環境庁は、「水俣病に関する医学専門家会議」の結論に基づいて、福岡高裁の第二次訴訟控訴審判決後も「判断条件」を見直す必要はないとの態度をとっていた。その意味で、当時の状況は、スモン事件で国が和解に応じた状況とは明らかに異なっていた。

②行政独自の救済策

このように、政府は和解協議への参加を拒否したが、一方、大きな社会問題になっている未認定患者の救済問題についてなんらかの対策を講じる必要は認めざるを得なかった。そこで、環境庁長官は、中央公害対策審議会（中公審）に対し、今後の〈水俣病〉対策のあり方について諮問した。この問題は、中公審の「環境保健部会水俣病問題専門委員会（委員長・井形昭弘）」で検討されることになった。

これに先立って、「判断条件」の作成に当たって中心的な役割を果たした椿忠雄（元新潟大学教授・神経内科）は、〈水俣病〉の範囲からは外れるボーダーライン層について、認定制度とは別の社会的な救済を考える必要があると提言していた。ここでいうボーダーライン層とは、主として〈水俣病〉発生地域に居住する住民で感覚障害などの症状を訴えている者を指す。井形昭弘（元鹿児島大学教授・神経内科）も同様の発言をしていた。このような椿・井形構想を具体化しようとしたのが中公審答申であった。

中公審は、一九九一年一一月、次のような答申を行った。

まず中公審は、これまでのところ「判断条件」の変更が必要となるような新たな知見は示されていないとして、これを堅持するという立場を明らかにした。これが答申の基本的な前提である。

そのうえで、中公審は、〈水俣病〉発生地域には、発症には至らなくとも、メチル水銀を含んだ魚介類を摂食して四肢末端の感覚障害を訴える者が少なくないという事実をあげる。しかし、四肢末端の感覚障害とメチル水銀との疫学的関係についてはまだ結論が得られていないし、臨床医学的にも、四肢末端の感覚障害のみで〈水俣病〉とすることには無理があるという。

しかし、四肢末端の感覚障害は〈水俣病〉にもみられる症状であり、これらの者が自分を〈水俣病〉と考えることには無理からぬ理由があり、〈水俣病〉発生地域住民の健康上の問題の軽減・解消を図ることは強い社会的な要請である。このように答申は述べる。

中公審は、今後の〈水俣病〉対策として医療事業と健康管理事業の二つを実施する必要があるとした。前者は、県を実施主体とし、通常のレベルを超えるメチル水銀曝露の可能性のある者のうち四肢末端の感覚障害を有する者を対象として、療養費と療養手当を支給するというものである。

こうして、一九九二年六月から「水俣病総合対策医療事業」がスタートした。この事業による給付を受けるためには、認定申請の取下げを条件として知事に申請し、審査のうえ対象者に決定した場合には、療養手帳が交付される。

国は、一方で、認定患者救済のための制度として現行の認定制度を維持しながら、他方、未認定患者の救済策として総合対策医療事業を開始することにより、行政上の施策としては一応スキのない救済システムを作り上げたことになる。おそらく環境庁は、裁判対策は別として、行政的にはこれで〈水俣病〉問題に十分対応できると考えていたと思われる。

ところで、全国連は中公審における審議内容に並々ならぬ関心を寄せていた。なぜなら、そこで検討中の医療事業によって療養費と療養手当が支給されることになれば、全国連が要求する救済内容の三つの柱(①医療費の支給、②年金または継続的給付の支給、③一時金の支払い)のうち、最初の二つはこれによって実現可能になるからである。療養手当の額はなお流動的とはいえ、予想どおり月額二万円程度の定額支給が実現すれば、年額にして二四万円になる。これは実質的には年金といえないこともない。

問題は、救済の内容がどのような形で答申に盛り込まれるかである。そこで、全国連の要求を可能な限り答申に反映させるために、豊田弁護士らは中公審の井形委員長と接触し、非公式の協議を重ねた。そのようにして生まれた答申は、全国連にとっても一応満足できるものであった。全国連は、この答申が裁判所における和解交渉に大きなはずみをつけるものだとし、療養費・療養手当の支給によって三本柱からなる補償要求を実現する道すじが切り開かれようとしていると評価した。

この考え方は「ドッキング路線」とでもいうべきものである。行政上の医療事業によって療養費と療養手当が確保されるならば、残る問題は、いかにして一時金の支払いを実現するかということになる。この問題は、裁判所における和解交渉によって解決をはかるというのが全国連の一貫した方針であった。

(3)裁判所における和解協議

和解手続は、一九九〇年一二月、福岡高裁での和解協議を皮切りに開始されたが、裁判所からの再三の要請にもかかわらず、政府の不参加の方針は変わらなかった。全国連は、裁判所を使って国を和解協議の場に引き出すことを当面最大の目標にしていたから、これは大きな見込み違いといわなければならない。一連の和解勧告の口火を切った東京地裁は、国抜きの和解協議に対しては消極的であり、国の参加が期待できないと判断した時点で早々に和解による解決を断念した。東京地裁を主な舞台としてスモン型和解を考えていた全国連にとって、これは大きな誤算であった。

こうなると、あとは判決を待つしかないが、一九九二年二月に出た東京地裁の判決は、国・県の国家賠償責任を否定するとともに、〈水俣病〉認定と損害額についても予想以上に厳しい内容の判断を示した。この結果をみる限り、東京訴訟の提起は明らかに失敗であったといわざるをえないであろう。

その後、裁判所における和解協議は福岡高裁を中心に進められた。和解交渉の当事者は、第三次訴訟(一陣)の原告、熊本県およびチッソの三者である。しかし、チッソは、事実上、当事者能力のない状態に置かれており、交渉はもっぱら全国連と熊本県との間で行われたとみてよい。両者の間には、交渉過程を通じて一種の協働意識が醸成されたが、この点は政治決着にいたる局面で政府と熊本県が対立する原因にもなった。

福岡高裁は、一九九一年八月の所見で、疫学的条件を満たし四肢末梢に感覚障害がある場合を「和解救済上の水俣病」として、救済の対象にすべきであるとの見解を明らかにした。福岡高裁のいう救済対象者は、名称はともかく、実質的には総合対策医療事業の対象者と同じである。このことは、総合対策医療事業によって療養費・療養手当を受給する者が一時金の対象者にもなることを意味する。

つづいて福岡高裁は、一九九三年一月、それまでの和解協議の結果をふまえ、一時金に関する見解をまとめて当事者に提示した。全国連のいう最終和解案である。この和解案では、一時金の金額は、症状の組み合わせと判定資料の違いに応じて最低二〇〇万円から最高八〇〇万円まで細かくランクづけされている。

金額の算定にあたっては、症状として四肢末梢優位の感覚障害だけの者に支払われる四〇〇万円が基準額になっている。感覚障害に加えて、運動失調もしくは求心性視野狭窄のいずれかの所見がある者、または両方の所見がある者には、それぞれ一〇〇万円から四〇〇万円を加算し、逆に合併症がある場合には二〇〇万円を減額する。判定資料は審査会資料と患者側提出の診断書であるが、両者が同等に扱われているのがこの和解案の特徴といえよう。民間診断書でどこまで細かく所見をとるかで一時金の金額は大きく変わりうるが、これまでの裁判例に照らして、おそらく原告の大半は四〇〇〜六〇〇万円の範囲に入るものと思われる。和解案の基礎にあるのは、まさに「広くうすく救済」の考え方である。

二年余りの和解交渉の結果、なんとか和解案の提示までこぎつけたが、和解は受け入れがたいとする国の態度は変わらなかった。しかし、国抜きの和解では実効性のある解決が到底期待できないことも明らかである。その結果、福岡高裁の和解案は、和解成立のめどが立たないまま、完全に宙に浮いた格好になった。そして、このような結末は、和解協議がはじまった時点ですでに十分予想されたことであった。

4　政治解決のプロセス

（1）裁判上の和解から政治解決へ

全国連の和解戦略（「司法救済システム」構想）は、政府の和解拒否という壁にぶつかって破綻したとみてよい。裁判上の和解以外の解決方法としては、訴訟で解決するか、政治的に解決するか、そのどちらかしかないであろう。しかし、訴訟による解決は、国・県が争いつづける限り、上告審まで争うことを覚悟しなければならず、最終決着までにさらに何年かかるかも分からない。早期全面解決の方針をかかげる全国連にとって、この選択はありえない。そうすると、あとは政治的な解決しか残されていないことになる。

政治的な解決が実現するかどうかは、基本的にはその時々の政治状況によって決まる。政治状況は流動的であり、たとえ解決すべき問題があったとしても、政府・与党がつねに政治的な解決に乗り出すとは限らない。解決に乗り出すのは、関係者から政治的な解決が強く要請され、かつその機が熟しているとの判断があり、しかも解決の枠組みについて政府・与党が政治的に決断できる状況にある場合に限られるであろう。

一九九三年八月、元熊本県知事・細川護熙氏を首班とする非自民連立内閣が発足したが、全国連は、問題解決のチャンスとみてこの内閣に大きな期待を寄せた。しかし、細川首相はまったく動こうとしなかった。[6] この時点では、まだ政治解決の条件は満たされていなかったというべきであろう。

政治解決への動きは、一九九四年六月の村山内閣の発足をまって始まった。この内閣は、社会党の村山富市氏を首班とし、自由民主党・社会党・新党さきがけの三党からなる連立内閣である。社会党は、これまで未解決であった戦後五〇年問題のうち、被爆者援護法の制定とともに〈水俣病〉問題の早期解決を村山内閣の重要な政策課題にあげていた。これに対して、自民党は、従来、国の国家賠償責任の問題については裁判で決着をつけるしかないという考え方であり、和解に対しても消極的な姿勢をとってきた。しかし、連立内閣を維持するためには、〈水俣病〉問題の解決方法について自民・社会両党間で政策を調整し、与党三党の合意を作り出す必要があった。このような政治状況が〈水俣病〉問題の政治解決を促し、その動きを加速したことはいうまでもない。

(2) 政治解決の構図とその手続きの特徴

〈水俣病〉問題は、自民・社会・さきがけという政党レベルだけで決着が図られたわけではない。政治解決の構図はもっと複雑である。

まず、患者団体としては、最大の団体である全国連のほかに、「水俣病患者連合」、「水俣病患者平和会」などの諸団体があり、それぞれ独自の要求をかかげて活動していた。このうち、全国連は、村山内閣の与党である社会党にその政治的代弁者を見出した。実際、社会党はもっぱら全国連サイドに立って動いていたといってよく、すべての患者団体の声を代弁していたわけではない。患者連合その他の患者団体は、全国連のように与党との太いパイプはもっていなかったから、むしろ政党よりも環境庁を頼りにするほかない状況にあった。

〈水俣病〉問題をかかえる熊本県は、国と並んで政治解決の重要なパートナーであり、その影響力は無視できない。しかし、熊本県は、福岡高裁における和解協議の当事者であり、和解協議の結果に事実上拘束される立場に置かれていた。それに加えて全国連との協働意識も働き、政治解決の過程では、終始、全国連寄りとみられる主張を行った。

以上の勢力配置をみると、患者団体のなかでは全国連にきわめて有利な構図ができており、その主張が最も反映されやすい状況であったといえる。

最終決着までの手続的な流れは、おおよそ次のとおりである。

第一段階は、与党三党が主体となって患者団体を含む関係者から意見を聴取し、それをふまえて解決の枠組みに関する合意を形成する。その過程で関係者の意見や利害の対立をできる限り調整する。第二段階は、与党三党が合意した解決の枠組みをもとに政府が具体的な解決案を作成し、患者団体に提示する。解決案の作成などの作業は、主務官庁である環境庁が中心となって行う。患者団体が政府解決案を受け入れれば、政治解決は最終的に決着をみることになる。

政治解決の手続的な特徴は、すべてが政府・与党の主導のもとに進められる点にある。裁判上の和解とは異なり、患者側には手続の主体としての地位は認められない。したがって、全国連を含めて患者団体は、意見聴取の対象にとどまり、国・県にとっての交渉相手ではない。政治解決の流れをみれば明らかなように、交渉の場はどこにも存在しない。また、裁判上の和解手続は、訴訟の当事者間で行われるが、〈水俣病〉問題の早期全面解決を目的とする政治解決においては、全国連に属する患者だけではなく、その他の未認定患者も救済の対象になる。患者連合その他の団体は、これまで福岡高裁で進められていた和解協議には参加する資格がなかったが、政治解決の過程では意見を述べ、要望を提出する機会を与えられた。これも裁判上の和解とは大きく異なる点である。

このように、政治解決は裁判上の和解とはまったく別個の手続であり、手続的には両者は無関係のはずである。にもかかわらず、全国連は両者をリンクさせ、和解協議でかちとった成果を可能な限り政治解決に反映させようと腐心した。そのため、この点は政治解決における大きな争点になった。

(3)政治解決をめぐる争点

未認定患者の救済をはかる政治解決は、一九七七年判断条件には手を触れず、国の国家賠償責任をふまえたものでもない。このことは、政治解決の基本的な前提として、国・県はもちろん患者側においても了解されていたとみてよい。したがって、この点は争点にはならなかった。また、原則として、疫学的条件を満たし、四肢末端優位の感覚障害を有する者を救済対象者とすることについても争いはなかった。

政治解決の過程で問題になった主な争点は、①一時金の金額とランクづけ、②救済対象者の位置づけとその判定方法、③裁判所の扱いの三つである。

まず、一時金は、汚染者負担の原則に基づいてチッソが支払うものとされた。国・県の国家賠償責任を問わない以上、これは当然の帰結である。問題は、チッソが支払う一時金が補償金なのか、それとも解決金なのかである。補償金ならば、「ニセ患者」として差別視されるおそれは少ないが、単なる解決金ではその心配が大きい。一時金の性格は救済対象者の位置づけと連動しており、判断条件に照らして対象者の症状が〈水俣病〉とまではいえないとしても、チッソが流したメチル水銀の被害者といえるかどうかという問題である。

一時金については、その金額をどう決めるか、対象者の症状等に応じてランクづけするのかどうかが問題である。福岡高裁の和解案では、一時金は細かくランク分けされていた。数千人から一万人におよぶ対象者をランクづけするとなると、その作業はかなり膨大で煩瑣なものになる。この点については、全国連はランク分けを主張し、患者連合は一律の金額を希望するなど、患者団体の間でも意見は分かれた。

救済対象者を個別に決定するためには、判定方法を定めておく必要がある。なかでも重要なのは判定資料の問題である。救済対象者の判定に使える資料としては、認定審査会の資料と患者側が提出する診断書の二種類がある。とくに民間病院の診断書をどう扱うかは、政治解決の過程で大きな争点になった。もっと具体的にいえば、全国連に属する患者らの診断書のほとんどは水俣協立病院で作成したものだが、これを審査会資料と同列に扱うかどうかの問題でもある。救済対象者の要件が同一であったとしても、どの資料で要件該当と判定するかによって対象者の数は多くも少なくもなりうるからである。この点は、全国連にとって死活の問題であったといっても過言ではない。

すでに国抜きの和解協議が先行していたために、政治解決のなかで裁判所をどう扱うかも大きな争点になった。もともと政治解決は、政府・与党が主導して問題を政治的に解決するものであり、裁判上の和解とは別個の解決方法である。しかし、全国連は、福岡高裁の和解案をもとに救済策を考えるべきだと主張し、救済対象者の判定も裁判所の和解手続のなかで行うように求めた。そのため、この問題は政治解決の過程で大きな争点になった。だれが判定するかの問題は、判定資料として民間診断書をどう扱うかという問題ともからんで、その様相はかなり複雑である。

5　三党合意と政府解決案

(1)与党三党の合意形成

連立政権である村山内閣の政策決定は、次の二段階に分かれる。第一段階は、まず政権を担う自民・社会・さきがけの三党間で十分意見を調整して与党の合意を形成する。この段階で、政策の基本的な内容が決定される。第二段階は、その与党合意をもとに、政府がさらに必要な調整を加えて成案化する。〈水俣病〉問題の解決案も同様の手順を踏んで作成されたことはいうまでもない。

解決案作りの作業は、一九九四年一二月、まず与党政策調整会議からその部会に当たる環境調整会議に付託されたが、翌年二月からは、政策調整会議のもとに新たに設置された「水俣病問題対策会議」に引き継がれ、最終的には政策調整会議の三座長(自民＝加藤紘一、社会＝関山信之、さきがけ＝菅直人)の協議により基本的な合意に達した。

一九九五年六月二一日、与党三党はその解決案の内容を「水俣病問題の解決について」と題する文書にまとめ、村山首相に提出した。その概要は、次のとおりである。

まず、解決の基本姿勢として、「和解を含む話し合いにより」最終的かつ全面的な解決を図ることを明らかにしている。「和解」とは裁判上の和解を意味しており、ここには全国連と社会党の意向が反映されている。

救済の対象者は〈水俣病〉多発地域に一定の期間居住して四肢末端優位の感覚障害があると認められた

者であり、具体的には、現に総合対策医療事業の適用を受けている者および県の判定検討会で新たに救済対象者とされた者である。救済対象者に該当するかどうかは、審査会資料と民間診断書を総合して判断する。ただし、これまで認定申請をしていない者が新たに救済を申請する場合には、公的資料だけで判断する。

一時金はチッソが負担するものとし、そのランクづけと金額の確定は、司法の和解協議の場および自主交渉の場において行う。ランクづけの当否については、患者団体によって意見が分かれているが、これまでの判決などに照らしてランク分けにするのが適当であり、金額についても、司法の判断を参考にして当事者間の調整を図るべきだとしている。

以上の合意内容は、自民・社会両党の妥協の産物であることは明らかであろう。

救済対象者の判定は、裁判所ではなく総合対策医療事業のために置かれた県の判定検討会で行うとしたのは、自民党の見解に沿うものである。審査会資料と民間診断書を総合して判断するとした点は、もともと熊本県の案にあったものだが、県の案では、この判断は裁判所に委ねるとしていた。

すでに認定申請している者と新たに救済を求める者とを区別し、後者については公的資料しか認めないというのは、二重の基準を導入したものであり、不公平のそしりを免れない。これも多分に全国連を意識した扱いであろう。新たに救済を求めるはずの潜在患者は、まだ名前さえ知られず、従来の患者団体とは何のつながりもない人々だからである。また、一時金については、ランク分けを適当とし、それと金額の確定は、司法の和解協議の場および自主交渉の場において行うとした部分は、明らかに社会党＝全国連の意向を強く反映したものとみてよい。もし、このとおりに行うとすれば、救済の手続における裁判所の役割が重要性を増し、福岡高裁の和解案が息を吹き返す可能性も高くなる。また、訴訟の原告以外の対象者については、自主交渉の場でランクづけと金額の確定を行うというけれども、これはどうみても非現実的であり、つけ足しの印象がつよい。

もっとも、一時金のランク分けと金額の確定に関する合意は、後に明らかになるように、細部まで詰めた合意というよりは多分に玉虫色の合意であり、自民・社会両党がそれぞれの立場で解釈できる余地を残した。

全体として、三党合意の内容は、全国連の意向が反映されたものになったが、これはある意味で当然であろう。全国連は、社会党を通じて与党協議に実質的に参加できる立場にあり、熊本県の意向も全国連には有利に働いたからである。

しかし、社会党と全国連の連携プレーが功を奏したのは、与党合意を形成するまでのことであり、政府＝環境庁が主導権をにぎる第二段階に入ると、様相はかなり変わってくる。

(2) 政府解決案の作成

政府は、与党三党の合意をうけ、それを具体化する政府の解決案作りを開始したが、作業の中心になったのは、いうまでもなく環境庁である。環境庁はまず、一九九五年八月一一日、解決案の素案を熊本県などに示し、若干の修正を加えたうえで、八月二一日、「水俣病問題の解決について―調整案―」と題する解決案を患者団体とチッソに正式に提示した。その概要は、以下のとおりである。

①基本的な考え方

〈水俣病〉に関する紛争解決の枠組みは、次の三つの内容からなっている。

▽原因企業は、一定の要件を満たす者に対し一時金を支払う。▽国と熊本県は、紛争の終結に当たり

遺憾の意などの態度を表明する。▽この解決案により救済を受ける者は、訴訟の取下げ等により、すべての紛争を終結させる。

これに加えて、国・県は、総合対策医療事業を継続するとともに、チッソ支援、地域の再生と振興のための施策を行う。一方、患者とチッソは、「もやい直し」に参加・協力するなど、地域の再生・振興に取り組む。

未認定患者の救済策は、チッソによる一時金の支払いと総合対策医療事業による療養費・療養手当の支給がセットになっているため、医療事業の継続は当然の前提になる。このことは、一時金の算定に当たって療養費・療養手当の支給額を考慮に入れざるをえないという考え方につながる。また、この調整案で、はじめて地域の再生・振興のための施策が取り上げられ、水俣再生の標語として水俣市長・吉井正澄氏〈当時〉が提唱する「もやい直し」に言及している点も注目してよい。「もやい直し」とは、〈水俣病〉によって損なわれた人々のきずなを修復するというほどの意味である。

②一時金

一時金を受け取る救済対象者の要件は、与党三党の解決案と同じである。ただ、救済対象者が「ニセ患者」呼ばわりされないように、次のようなコメントがついた。すなわち、認定患者と未認定の救済対象者の違いは、医学的にみて〈水俣病〉である蓋然性の程度の問題にすぎないので、後者が「救済を求めるに至ることには無理からぬ理由がある」という。この説明は、中公審答申のそれと大同小異である。

この案では、救済対象者がチッソの排出したメチル水銀の被害者としては位置づけられていない以上、一時金の性格も補償金とはいえず、チッソが原因者としての「社会的責務」に基づいて支払う紛争解決金ということにならざるをえない。

一時金のランクづけと金額の確定は、司法の和解協議の場および自主交渉の場において審査会資料と民間診断書で行うとして、一応、与党三党の解決案を尊重した形になっている。ただ、ランク分けする場合の問題点を指摘するとともに、患者団体が一時金を一括受領したうえで、その内部でランク分けすることは差し支えないともいう。要するに、環境庁はランク分けについては消極的なのである。一時金の額については、患者側からの反発もあって基本的な考え方が示されたにとどまり、この段階での具体的な金額の提示は見送られた。

与党の解決案では、救済対象者の判定は、県の判定検討会が公的資料と民間診断書を総合して行うとしていたが、その内容はあいまいであった。そこで、この調整案では総合判断の内容を具体的に定めている。問題となるのは、公的資料と診断書の所見が一致しない場合の扱い方である。このような場合には、一方の資料に四肢末梢優位の感覚障害の所見がなくとも、全身性や乖離性の感覚障害があればよく、また、現在の資料には所見がなくても過去の資料に同様の所見があれば、救済対象者と判定できる。これをみると、福岡高裁の和解案とは異なり、民間診断書の所見だけでは対象者と判定することはできないが、二つの資料の一致の幅はかなりゆるやかなものになっている。

なお、救済の要件には該当しないが、救済対象者と同じ居住要件を満たし、四肢末梢優位の感覚障害以外の神経症状を有する者については、地域の保健福祉対策の一環として、はり・きゅう・温泉療養について一定の金額の補助を行うとしている。

この調整案に対する患者側の反応は、大きく二つに分かれた。全国連を除く患者団体は、解決の基本枠組みとして調整案を評価するという反応を示した。強い反発が予想された「水俣病患者連合」も基本的には同様の態度を明らかにした。ただし、調整案では、国の責任表明の内容、救済対象者の位置づけや一時金の性格などがいぜんとして曖昧であり、これをもっと明確にすべきだという考えであった。

これに対して、全国連は、調整案に猛反発し、その白紙撤回を要求した。社会党も同様に反発し、環境庁長官に対して調整案の撤回を申し入れた。両者の反対理由は、環境庁の調整案が与党合意に反するという点にあり、具体的には、一時金のランクづけと金額の確定は、司法の和解協議の場において行うとした点を無視し、「裁判所外しの解決案」を押しつけるものだという点にある。全国連の理解では、和解協議の場を通じた解決とは福岡高裁和解案にもとづく解決以外のものではありえないであろう。もっとも、調整案に反発した全国連も、政治解決そのものを拒否することまで意図していたわけではなく、その白紙撤回要求は条件闘争の一環とみるべきであろう。

これまで社会党＝全国連に近い立場をとってきた熊本県は、調整案の段階で政府に歩みより、この案を土台として解決を図る方針に転換した。その意味では、全国連に対する包囲網はしだいに狭まりつつあったといってよい。

政府は、患者団体などの要望に応じて調整案に若干の修正を加え、また、与党三党の協議により一時金の額を決定したうえで、一九九五年九月二九日、政府の最終解決案を関係者に提示した。

最終案に盛り込まれた紛争解決の枠組みは、基本的には調整案のそれと同じものである。最終案では、この解決案により新たに救済を求める者のために、総合対策医療事業の申請の受付を再開するが、その受付期間を五カ月程度とすると定めたほか、地域振興策として、地域の保健対策の充実、地域特性を活かした研究・教育機能の充実、その他住民支援を目的としたインフラの整備などの施策を具体的にあげている。

救済対象者の位置づけと一時金の性格については、若干の修正が加えられた。まず前者については、

「公健法の認定申請の棄却はメチル水銀の影響が全くないと判断したことを意味するものではない」という文言が挿入された。それと関連して、後者についても、「企業は、自ら排出したメチル水銀が水俣病を引き起こしたことの責任を重く受け止め」「本問題が生じる原因となったメチル水銀の排出をした者としての社会的責務を認識して」一時金を支払うものとすると表現された。要するに、この解決案による救済対象者は、公健法上の〈水俣病〉とはいえないが、チッソが排出したメチル水銀の影響を受けた者であり、決して「ニセ患者」ではないとの趣旨であろう。

与党協議に委ねられた一時金の額は、最終段階ではじめて示されたが、その中身は、①対象者一人当たりの一時金、②団体加算金の二本だてになっている。しかも、金額は、当初示された額に上乗せしたものが最終案に盛り込まれるという経過をたどった。最終案の一時金額は、次のとおりである(括弧内は当初の金額を示す)。

▽ 対象者一人当たりの一時金	二六〇万円	(二五〇万円)
▽ 団体加算金(次の五団体に限る)		
全国連(新潟関係を除く)	三八億円	(三〇億円)
水俣病患者連合	七億円	(五億五千万円)
水俣病平和会	三億二千万円	(二億五千万円)
茂道水俣病同志会	六千万円	(五千万円)
水俣漁民未認定患者の会	六千万円	(五千万円)

このように、与党協議の場で対象者一人当たりの一時金は一律二六〇万円と決定し、政府解決案に盛り込まれた結果、一時金のランクづけや金額の確定について裁判所の手をわずらわす余地はもはやなくなった。これは、社会党＝全国連の主張が最終的に退けられたことを意味する。

対象者一人当たりの一時金とは別に、全国連ほか五団体に限って団体加算金を支払うという構想は、最終案が固まる最後の段階で唐突に出てきたものだが、政府与党との非公式折衝のなかで全国連がかねてよりつよく要求していたものであった。訴訟をはじめ、さまざまの運動を展開してきた全国連は、弁護士費用はもとより多額の運動費を支出してきており、これを一人当たり二六〇万円の一時金から支弁するとなると、全国連傘下の被害者は、これまでまったく運動をしてこなかった被害者よりもはるかに少ない一時金しか手にできないという不公平が生じる。したがって、運動費相当分は別途考慮すべきだ、というのが全国連の主張であった。事実、政治決着の最終場面で全国連が最後まで固執したのもこの問題であり、とくに金額の問題であった。

結局、与党三党の政治決断で団体加算金の支払いが決まった。一人当たりの一時金同様に、これを支払うのはもちろんチッソである。与党が団体加算金を認めたのは、最大の患者団体であり、運動の中心的な担い手であった全国連を抜きにした全面解決はありえないということを考慮したためであり、さらに、これを原資として、各患者団体の実情に応じ、その内部でランク分けや役職者への加算など弾力的な配分ができるようにするという配慮もあったと思われる。

いずれにせよ、政治決断で決まった団体加算金には、もともと合理的な支払い根拠も金額算定の根拠もありえないと考えるべきであろう。これまでの運動実績を基準にして、上述の五団体に限って団体加算金を支払うことになったが、この基準もそれほど明確なものではない。除外された患者団体から不満が出てくるのは、ある意味で当然ともいえる。

(3)最終決着と首相談話

政府解決案は、一九九五年一〇月三〇日の全国連を最後として、関西訴訟の患者グループを除くすべての患者団体がこれを受諾する旨を回答した。政府は、同年一二月一五日、関係閣僚会議を開いて当事者間の合意事項を確認するとともに、これに関連する〈水俣病〉対策を決定した。対策の中心は、チッソに対する支援措置と地域の再生・振興策の二つである。

チッソへの支援策は、国の補助を受けて、熊本県が新たに基金(「水俣病問題解決支援財団」)を設立し、その基金から一時金の支払いに必要な資金をチッソに貸し付けるというものである。この基金は、もともと水俣・芦北地域の再生・振興に資するために設立されるもので、チッソ支援だけがその目的ではない。基金は、「もやい直し」や健康上の不安の解消などを図る事業をも支援することになっているが、地域の振興策については、抽象的な表現で言及されているだけである。

一九九五年の政治解決を締めくくるものとして、同日付で閣議決定した村山首相の談話が発表された。患者側がつよく求めていた政府の責任表明がこれである。首相談話は、かなり情緒的な文章でつづられているが、そのなかで肝心の内容は次の数行にすぎない。

「今、水俣病問題の発生から今日までを振り返る時、政府としてはその時々においてできる限りの努力をしてきたと考えますが、新潟での第二の水俣病の発生を含め、水俣病の原因の確定や企業に対する的確な対応をするまでに、結果として長期間を要したことについて率直に反省しなければならないと思います。」

〈水俣病〉事件史に照らして、政府が被害の拡大を食い止めるために「その時々においてできる限りの努力をしてきた」とは決していえない。その意味で、「できる限りの努力をしてきた」というのは弁解にすぎないであろう。政府として率直に反省するという言葉じたいは重いが、何を反省するかが問題であって、「結果として長期間を要したこと」を反省するだけでは、ほとんど無意味である。「結果として」という言葉は、暗に「責任はない」ということを含意するものであろう。

このように、首相談話は、患者側が求めていた責任表明とはおよそ異なる内容のものであり、政府の反省がこのレベルにとどまる限り、〈水俣病〉の苦い教訓を活かして、今後の環境政策を進め、この面で国際的に貢献することはほとんど期待できないであろう。

6　政治解決の意味するもの

(1)「最終的かつ全面的」解決の内容

ここで、政府の解決策が意図したものをもう一度確認しておこう。

政府の解決策には、二つの基本的な前提があった。その一つは、現行の認定制度、なかでも〈水俣病〉の「判断条件」にはいっさい手を触れないということであり、もう一つは、国・県の国家賠償責任を問わないということである。したがって、救済の対象となった〈水俣病〉未認定患者は、公健法上の〈水俣病〉ではなく、〈水俣病〉の範囲から外れるボーダーライン層として位置づけられる。この人々をどう社会的に救済するか、その方策の一つが中公審答申にもとづく「水俣病総合対策医療事業」であり、もう一つが今回の政治解決で問題になった一時金の支払いである。国・県の加害責任を前提としない解決ということになれば、一時金を支払うべき者はチッソ以外にはありえないことになる。しかも、チッソは自力では支払能力がないので、救済対象者への一時金支払いとチッソへの支援策は不可分のものとして考えなければならない。

ところで、一時金の性格をどう理解すべきか。この問題は、救済対象者の位置づけの問題と連動している。もし救済対象者が〈水俣病〉であれば、チッソは被害者に対して賠償ないし補償の責任を負う。しかし、救済対象者が〈水俣病〉ではないとすれば、チッソが支払う金は補償金とはいえなくなる。したがって、政治解決にもとづいて支払われる一時金は、自民党がいうように、正確には「紛争解決金」というべきものである。

紛争解決金は、文字通り、紛争を解決するための金であり、そもそも紛争が存在しなければ支払われることのない金である。たしかに、数千人に上る〈水俣病〉未認定患者と行政・チッソとの間には二〇年以上にわたって深刻な争いがつづいてきた。しかも、その争いは、たえず社会的、政治的な問題になっていた。このよう深刻な争いが存在しなければ、政治解決はもちろん、総合対策医療事業さえ考えられなかったであろう。

総合対策医療事業による療養費・療養手当の支給といい、また一時金の支払いといい、要するに金の問題である。〈水俣病〉未認定患者の「救済」とは、こうした金を支払うこと以上の意味はない。政府の解決策が意図したものは、いまや明らかであろう。療養費・療養手当に加え、さらに一時金を支払うことによって、長期にわたった〈水俣病〉紛争に「最終的かつ全面的」に終止符を打つということである。

もちろん、生涯にわたって療養を必要とする未認定患者にとって、療養費・療養手当の支給が一時金以上に大きな生活の支えになることは、あらためていうまでもないであろう。

(2) 政治解決と全国連

和解勧告から政治解決にいたる過程で、終始、運動の主導権をにぎったのは、全国連である。しかし、その和解戦略は失敗に終わり、その後、全国連は、政治解決という枠組みのなかで可能な限り和解路線を貫こうとしたが、結局、その試みも実現しないままに終わった。

全国連は、被害者の要求に照らして政府解決策はまだ不十分としながらも、政府の患者切り捨て政策を転換させ、村山首相の謝罪表明を引き出した点などをあげて、これを運動の成果として評価する。しかし、今回の政治解決は、患者切り捨ての原因となった「判断条件」には手を触れず、むしろそれを前提として、いわゆる「ボーダーライン層」の救済を図ったものであり、また、首相談話は、患者側が期待した「謝罪」表明とはほど遠い内容である。

もともと全国連は、「生きているうちに救済を」という早期決着の方針を優先させ、国・県の国家賠償責任と救済対象者の位置づけには必ずしもこだわらないという姿勢で政治解決に臨んだ。そうすると、残る主要な問題は、一時金のランク分けと金額の確定ということになる。事実、最終決着までの過程をみると、全国連と政府・与党との折衝はほとんど金の問題に終始したといっても過言ではないであろう。

全国連が獲得目標にしたのは、福岡高裁和解案の金額であった。たしかに政府解決策の一人当たり二六〇〇万円という額は、和解案の金額を相当下回る。しかし、団体加算金を頭割りにして、これを一人当たりの一時金額に加えるならば、ほぼ和解案の基準額(四〇〇万円)に見合う額になる。その意味では、一時金の額に関する限り、全国連の目標と結果との間にはそれほど大きな差があるとは思われない。

(3) 政治解決の限界

前述のように、〈水俣病〉問題について政治解決が実現するためには、それを可能にする政治状況とタイミングが必要であった。一九九五年夏から秋にかけての時期は、まさにそうした条件が熟した時期であったといえる。日本の政治状況は変転極まりないから、一九九五年のような政治解決が翌年にも可能であったかどうかは疑問であろう。

政治解決の内容も、基本的には、その時々の政治状況に左右される。その内容を決定する最大の要因は当事者間の力関係と国民世論の動向である。それが現実の政治力学である。その意味では、一九九五年当時の状況は、決して患者側に有利な状況とはいえなかった。全国連が環境庁に押し切られたのも、結局は患者側の力不足の結果であるといえよう。そして、状況を変える患者側の力は、裁判で勝つか、実力行動からしか生み出されないのである。

ところで、今回の政治解決とは異なる解決の可能性はあったのであろうか。一九八〇年代以降の事件史をふりかえってみて、あらためて一九九二年の東京地裁の判決が大きな転換点をなしていたと考えざるをえない。もし責任論と病像論に関する東京地裁の判断が別異のものであったとすれば、その後の事件史は、おそらく異なった展開になっていた可能性が大きい。その意味でも、東京地裁の判決は、患者側にとって悔いの残る判決であった。

二〇年以上にわたって争われてきた〈水俣病〉未認定患者の問題は、一九九五年の政治解決によって一応決着がついた。しかし、これですべての問題が解決したわけではないし、言葉の正しい意味で、政治解決が「最終的かつ全面的」解決であったわけでもない。争点であった〈水俣病〉の範囲〈病像論〉や国の責任の問題は、いぜんとして未解決の問題として残っている。

政治解決の前提になった〈水俣病〉の「判断条件」については、その医学的根拠が揺らぎはじめており、それにともなって〈水俣病〉の範囲が問い直されるのも時間の問題であろう。近い将来、今回の政府解決策の対象となった人々が医学的には〈水俣病〉とされる可能性も否定できない。

また、〈水俣病〉に対する国の責任もこれで決着がついたわけではなく、今後とも問われつづけるであろう。これまで訴訟で問われた国家賠償責任という問題は、きわめて法技術的な性格がつよい。国家賠償責任の成否という法的枠組みのなかでは責任論の土俵が狭すぎるため、事件史的な事実から大きくかけ離れてしまうことは否めない。むしろ、〈水俣病〉事件史における国家の責任は、このような法解釈論を離れ、端的に歴史の問題として問われるべきではないかと思う。

注

(1)〈水俣病〉の披害者は、社会的救済の有無やその内容のちがいによって、①認定患者、②未認定患者、③その他の潜在患者に分けられる。このうち、①の被害者は、認定制度によって〈水俣病〉と認定され、一九七三年の補償協定により補償金などを受け取った患者グループである。これに対して、②の被害者は、未認定のため補償協定の適用から除外され、今回の政治解決の対象とされたグループである。もちろん、未認定患者のすべてが救済の対象になったわけではなく、判定の結果、対象外とされた人びとも含まれる。③の潜在患者とは、医学的には〈水俣病〉である蓋然性が高いにもかかわらず、種々の事情から認定申請をしなかったか、できなかった人たちである。このなかには、未認定のまま死亡した者も含まれる。このように、〈水俣病〉の被害者とは多義的な概念であり、その総数はいまだに明らかではない。

(2)〈水俣病〉という言葉の使い方には問題がないわけではない。この言葉は、もともと「水俣奇病」という言葉に由来する。水俣奇病とは、水俣地方に発生した原因不明の神経疾患というほどの意味である。奇病の原因究明の過程で、熊本の水俣病研究班の医学者らは〈水俣病〉を医学上の病名として使いはじめ、その後新潟の阿賀野川流域で発生したメチル水銀中毒も〈水俣病〉と呼ばれるようになった。いまや〈水俣病〉という言葉は、報道関係はもちろん、環境・公害行政の用語としても定着した観がある。

一般に、〈水俣病〉とは、化学工場の排水に含まれるメチル水銀に汚染された魚介類を摂食することにより引き起こされるメチル水銀中毒と理解されている。ヒトがメチル水銀に曝露される形態は二通りあって、一つは直接曝露。もう一つは間接曝露である。前者は、英国のメチル水銀農薬工場の中毒事件（ハンター・ラッセルの報告例）やイラクの中毒事件にみられるように、口、鼻、皮膚などから直接メチル水銀を体内に取り込んで発生する中毒である。これに対して、〈水俣病〉は、汚染魚介類を介して起こる間接曝露型の中毒事件である。原因物質であるメチル水銀は、化学工場から直接流出して魚介類を汚染する場合と底泥中で無機水銀が有機化して魚介類を汚染する場合がある。いずれも間接曝露によるメチル水銀中毒であるが、現在のところ、無機水銀の有機化による中毒は〈水俣病〉とは呼んでいない。

このように、〈水俣病〉とは、メチル水銀中毒のうち、化学工場の排水に含まれるメチル水銀が魚介類を経由して引き起こすものを指している。しかし、〈水俣病〉の臨床症状や病理像は、医学的には、ハンター・ラッセルの報告例やイラクの中毒例とほとんど同一のものと理解されており、両者は明確に区別されていない。つまり、医学的には、同じメチル水銀中毒として扱われている。そうすると、医学用語としての〈水俣病〉という言葉は、どれだけ普遍的な概念として通用するのかという疑問が出てこよう。単に発生のメカニズムの違いから〈水俣病〉と呼んでいるのか、それとも臨床症状や病理像の点でも、直接曝露のケースや無機水銀の有機化の場合とは異なるから〈水俣病〉と呼ぶのかという問題である。この病名問題もいぜんとして未解決のままである

（3）この解決策に基づく救済対象者の判定作業は一九九七年三月に終了し、その結果、一万三五三人（熊本県関係七九九二人、鹿児島県関係二三六一人）の人びとが一時金などの対象者とされた。救済対象者は多くても八千人程度と見込まれていたから、これは当初の予想をはるかに上回る数字である。

（4）津田敏秀「水俣病問題に関する意見書」（大阪高裁に係属中の水俣病関西訴訟控訴審に提出されたもの）一九九七年（『水俣病研究』一号、一九九九所収）、津田ほか「続医学における因果関係の推論――『阿賀野川流域における水俣病の発生動態――曝露の実態と患者の認定』に関するコメント」日衛誌五二巻五一一頁以下、一九九七年、宮井正彌「熊本水俣病における認定審査会の判断についての評価」日衛誌五一巻七一一頁以下、一九九七年

（5）スモン事件の経過については、さしあたり実川悠太編『グラフィック・ドキュメント　スモン』日本評論社、一九九〇年を参照。

（6）社会党の「水俣病問題の即時解決について」（一九九三年一一月）は、一見して弁護士の手になる文章であり、これを起草したのは全国連の弁護士であろう。これは、社会党を介して、全国連が細川内閣に政治決断を求めたものとみられるが、この解決案が社会党のどの機関で承認され、どういう使われ方をしたかは不明である。いずれにせよ、この呼び掛けは不発に終わった。

（「水俣病研究」一号、一九九九）

二　チッソの倒産処理と補償責任のゆくえ

はじめに

二〇〇九年七月、「水俣病被害者の救済及び水俣病問題の解決に関する特別措置法」（以下、単に特措法と略記）が成立した。この法律は、現行の認定制度では〈水俣病〉と認定されない被害者の救済と原因企業チッソの経営形態の見直し（いわゆる分社化）の二つをその柱としている。この二つは、本来、各別に解決すべき問題であるが、それを抱き合わせの形で一本化したのが今回の特措法である。

今回同様に被害者救済が問題になった一九九五年の政治解決は、閣議決定にもとづいて行われ、特別立法の形はとっていない。これに対して、チッソの再生計画は、民法・会社法・破産法等の定める一般原則に対して重大な例外を設けるものであり、これを実現するためには特別立法が必要不可欠となる。このように、今回の立法の主な目的は、チッソの再生計画を実現することにあり、被害者の救済は、いわばその道連れとして組み込まれたといっても過言ではない。

以下では、一九九五年の政治解決を簡単に振り返りながら、特措法の立法の経過、その基本的な構造と問題点を明らかにしたいと思う。

1　一九九五年の政治解決

特措法が定める未認定被害者の救済措置は一九九五年の政府解決策をモデルにしている。後者の救済内容は一時金、療養費および療養手当の三つからなるが、療養費と療養手当は、「水俣病総合対策医療事業（一九九二年）」としてすでに支給されていたものであり、一九九五年の解決策に新たに追加されたのは一時金だけである。これは、対象者一人当たり二六〇万円と団体加算金（五団体）からなっている。

一九九四〜九五年当時、汚染地域に居住しメチル水銀曝露を受けた可能性のある人びとで、認定制度によっては〈水俣病〉と認定されていない被害者は一万人を下らないと指摘されていた。そのうち、三〇〇〇人近い被害者が、二〇年来、認定申請や行政不服審査請求を繰り返し、また国家賠償訴訟や自主交渉などの方法で〈水俣病〉の被害者として認めるよう要求していた。一九九五年の政治解決は、この問題を政府の責任において解決し、長い間社会問題化していた紛争に終止符を打とうとするものであった。

2　立法の経過

(1)立法の背景

二〇〇四年一〇月の関西訴訟最高裁判決は、二審の大阪高裁の判断を正当とし、最高裁としては初めて〈水俣病〉に対する国と熊本県の国家賠償責任を認め、認定問題についても行政上の判断条件よりゆるやかな認定基準を採用した。

この判決に勇気づけられた新たな認定申請者は、二〇〇八年一〇月末までに六〇〇〇人を超え、その中で訴訟を提起する人たちも増えている。認定申請に代えて保健手帳の交付を申請する人たちも急増し、その数は、二〇〇八年一〇月末までに二万一〇〇〇人を超え、その後の増加分を加えると、約三万人に上る人たちが〈水俣病〉による補償または救済を求めている。申請者の大半はこれまで〈水俣病〉患者として名のり出ていない人たちである。

これらの人びとは、かつて汚染地域またはその周辺に居住し、汚染魚介類を多量に摂食した結果、種々の症状を訴えているが、現行の認定制度ではほとんど認定される可能性はない。しかし、汚染の背景を考えると、これらの人びとを〈水俣病〉ではないとして切り捨てるわけにはいかないのである。

(2)立法の経過

二〇〇六年五月、当時の与党である自民・公明両党内に「水俣病問題プロジェクトチーム」(座長・園田博之自民党水俣問題小委員会委員長）が発足し、ここで未認定被害者の救済策を検討することになった。これとは別に、自民党内にはすでにチッソ経営問題検討部会（部会長・杉浦正健元法相、チッソの元訴訟代理人）が置かれていた。

二〇〇七年一〇月、与党プロジェクトチームは、一九九五年の政治解決を参考にして被害者救済案を策定し、チッソに対し一時金の支払いに応じるよう求めた。チッソは直ちにこれを拒否するとともに、対案としてチッソ分社化の構想を示唆した。両者の妥協点を探るために、園田氏とチッソ会長の後藤舜吉氏の間で水面下の折衝が重ねられた。その間、自民党内の検討部会では、杉浦氏を中心にチッソ再生計画の具体的な構想が練られていたが、その内容は、二〇〇八年六月、「公害健康被害補償金等の確保に関する特別措置法案（仮称）について」と題する素案（杉浦案）にまとめられた。その骨子は、のちに成立する特措法とほとんど変わりはない。ただし、これには被害者の救済策は盛り込まれていない。分社化による事業の活性化はチッソ年来の願望であり、すでに二〇〇〇年に「当社の再生について」と題する分社化構想を政府に提出していた。

二〇〇九年二月、与党プロジェクトチームは、チッソによる一時金受け入れの条件として分社化を検討せざるを得ないと判断し、両者を盛り込んだ法案を議員立法として国会に提出する方針を決定した。

3　特措法の基本構造

(1)未認定被害者の救済

特措法は、救済対象者の範囲、救済の内容(一時金・療養費・療養手当)などについて定めているが、一時金の金額を含めてその細目は今後政府が定める救済措置の方針のなかで決定される(第五条)。基本的な考え方は一九九五年の政府解決策と同様であり、救済内容に改善の跡はなく、一時金についてはむしろ後退の可能性が大きい。

このほか、救済対象者には該当しないが、「水俣病にも見られる神経症状」を有する者に交付する「水俣病被害者手帳」についても定めている(第六条)。

なお、未認定被害者の救済は、三年以内に終了することになっている(第七条二項)。

(2)チッソの再生計画

特措法が定めるチッソの再生手続は、おおよそ次の通りである。

まず、チッソは、この法律による再生計画の対象となる特定事業者として環境大臣の指定を受けなければならない(第八条)。指定の要件は、その事業者が①公的支援を受けていること、②債務超過の状態にあること、③前述の一時金を支給するために必要と認められること、④〈水俣病〉補償を将来にわたり確保するために必要と認められることの四つである。①②の要件は当然として、③④の要件については、多くの問題を含んでいる。

特定事業者としての指定を受けた場合には、チッソは、「事業再編計画」を作成し、これについて環境大臣の認可を受けなければならない（第九条）。再編計画の主な内容は、新会社（事業会社）の設立と新会社への事業譲渡に関する事項である。チッソの事業は、関連する債務をふくめてすべて新会社に移すのが原則であるが、〈水俣病〉補償に係る債務と公的支援に係る債務は除外されている（同条一項二号）。つまり、新会社はこれらの債務（広い意味での〈水俣病〉関連債務）を承継しない仕組みになっているのである。

環境大臣による認可の要件は、次の四つである。①将来にわたる補償協定の履行および公的債務の返済に支障を生じないこと。ただし、その判断は、救済の対象者を確定した時点で行われる。②チッソから事業を引き継ぐ新会社の事業計画が水俣地域の経済の振興および雇用の確保に資するものであること。③チッソから新会社への事業譲渡によってチッソの債権者に対する債務の履行に必要な原資が減少しないこと。④事業再編計画の内容が債権者の一般の利益に反しないこと。

新会社への事業譲渡とそれに伴うチッソの資本金の減少については、さらに裁判所の許可を得なければならない（第一〇条）。この二つはチッソ株式会社の命運にかかわる重要事項であるため、会社法上、株主総会の特別決議事項とされている。それを省略するための手続であり、この許可があると、株主総会の決議があったものとみなされる（同条二項）。

ところで、新会社（事業会社）の設立に際して発行する株式は、すべてチッソが引き受けて保有することになるが、チッソは、環境大臣の承認を得てこの株式を譲渡（売却）し、その譲渡益（売却益）を補償賦課金として指定支給法人に納付しなければならない（第一九条）。株式譲渡後、債務超過で裸同然のチッソはただ清算を待つだけの状態になる。ただし、新会社の株式の譲渡は、「救済の終了及び市況の好転まで、暫時凍結」されることになっている（第一三条）。

このように、チッソの再生計画とは、新会社を設立してそこにチッソの全事業を移し、株式譲渡後にチッソを清算する計画である。一連の手続で最も重要な部分は、環境大臣による再生計画の認可であり、その認可が得られれば、新会社の設立とそれへの事業譲渡は容易に実現する仕組みになっている。

4　制度設計の特異性

(1)チッソの倒産処理

チッソの再生計画は、事業の継続を目的とする再建型倒産処理に属する。このような倒産処理は、通常、裁判所の全面的な関与のもとで民事再生手続や会社更生手続として行われる。法的倒産手続では、再生計画等は、債権者集会の決議に基づいて裁判所が認可する。事業譲渡も裁判所の許可を要し、原則として株主総会の決議もはぶくことはできない。

これに対して、特措法が定める再生手続においては、裁判所に代わる重要な役割を果たすのが行政庁の長にすぎない環境大臣なのである。いうまでもなく倒産事件は民事事件であり、法的倒産手続の管轄は裁判所に属する。したがって、通常、行政庁はこれに介入する余地はなく、そもそも環境大臣に裁判所に代わる法的判断を期待することはできない。

チッソの倒産処理についても、民事再生手続や会社更生手続に委ねるという選択肢は十分検討されたはずである。しかし、特措法の立法者（およびチッソ）はその道を選ばなかった。いったい、なぜなのかという疑問が生じるが、株主総会や債権者集会をおそれ、裁判所主導型の倒産処理を嫌ったとしか考えられないのである。

このように通常の法的手続によらないチッソの倒産処理は、違憲問題を含めてきわめて大きな問題を抱え込むことになったといわざるを得ない。

(2)補償・救済の対象となる被害者

特措法は、この法律の目的として被害者の救済と〈水俣病〉問題の最終解決を掲げ、「これらに必要な補償の確保等のため」チッソの再生計画が必要だと位置づけている(第一条)。

つまり、チッソの再生計画は〈水俣病〉補償の原資を確保する手段として正当化されているのである。問題は、この計画で、はたして補償の原資は確保されているといえるのかどうかである。また、その前提として、どれだけの被害者数を想定しているのかも問題になる。

いうまでもなく、〈水俣病〉被害者の数が確定しない限り、チッソが負担すべき金額は算出できない。厄介なのは、現在、認定申請中の者と保健手帳を交付されている者を合わせた数が被害者のすべてとはいえない点にある。チッソが水俣工場から排出したメチル水銀が水俣湾と不知火海(八代海)を広範に汚染し、そこに生息する汚染魚介類を通じて、多数の沿岸住民がメチル水銀に曝露されたことは否定できないが、いつまで汚染が継続したかを含めて、その正確な実態は解明されていない。数十万人に上る汚染地域住民全体を対象とした健康調査は一度も行われていないからである。これまでに被害者として名乗り出た人びとはその一部であり、それ以外にもまだかなりの数の潜在患者が存在することは、従来の調査等からみて疑いない。しかも、今後、これらの被害者が顕在化する可能性は大きい。

（3）補償責任のゆくえ

前述のように、特措法が定める再生計画では、チッソの事業を引き継ぐ新会社は〈水俣病〉に係る補償責任は一切承継しない。その責任はあくまでも現チッソが負うという仕組みにしている。しかも、この計画ではチッソは遠からず消滅することになっているので、それまでに補償責任を完うしなければならないことになる。もしそれができなければ、〈水俣病〉被害者に対し補償責任を負うべき原因企業が存在しないという由々しい事態が発生するからである。

しかし、このような制度設計のなかでチッソがその補償責任を果たすことは、はたして可能なのであろうか。

まず、チッソが存続する期間内に、補償・救済の対象となる被害者の数を確定できるかという問題がある。先にみたように、その見通しはないといわざるを得ない。また、かりにその見通しが立ったとしても、チッソの資産をもってその補償責任を果たすことができるかが次の問題である。事業譲渡後、チッソに残るのは債務だけで、もはや補償の原資に充てる資産はない。唯一見込まれる資産は、チッソが保有する新会社の株式を譲渡して得られる売却益であるが、その株式にどんな値がつくかはその時々の市場に左右されるから、現時点で売却益を算定することはできないであろう。その株式譲渡も当分の間凍結されるから、さしあたり補償の原資はゼロということになる。

このような事態に備えて、特措法は、チッソに対する公的支援について所要の措置を講ずると定めた（第三三条）。ただし、これは未認定被害者に支給する一時金についての措置である。

以上の検討から明らかなように、チッソがその存続期間内に補償責任を全うするという保証はないのである。ということは、特措法が定めるまったく異例ずくめのチッソ再生計画を正当化する事由も存在しないことを意味する。

5　特措法の問題点

(1)チッソ再生計画の問題点

前述のように、チッソの再生計画は環境大臣の認可を要し、その要件として四つの項目を挙げている。その一つは、補償協定の将来にわたる履行に支障を生じないと認められることである。これは想定される患者数とチッソの資金計画から判断することになると思われるが、そのいずれからみても将来の履行に支障を生じる可能性がきわめて大きい。もし支障なしと判断するのであれば、協定の当事者である患者側にその根拠を明らかにすべきである。

もう一つは、計画の内容が債権者の一般の利益に反するものでないことである。ここにいう債権者に〈水俣病〉の被害者も含まれることはいうまでもない。再生計画認可の要件としてこれを定めたのは、債権者の有する詐害行為取消権および否認権を否定したことに対する一種の代償措置とみるべきであろう。しかし、こうした民事上の法律関係について環境大臣が適切な判断能力を有するとは考えられないし、何を基準として「債権者の一般の利益に反しない」と判断するのかも明らかではない。したがって、このような規定を置いたからといって債権者の権利利益が保護されるという保証はまったくない。

特措法は、チッソが再生計画にもとづいて行う新会社の設立および事業譲渡その他の行為については、詐害行為取消権および否認権について定めた民法、破産法、民事再生法および会社更生法の規定は適用しないと定めた（第一四条）。債権者の有するこれらの基本的な権利が認められない場合には、再生計画によって債権者の権利利益が侵害されても、それを阻止することができなくなる。このような事態が容認されるならば、憲法第二九条が保障する財産権は意味をなさなくなるであろう。

（2）被害者救済の問題点

未認定被害者の救済についても重要な問題が未解決のまま残されている。

まず、特措法は、救済対象者について「過去に通常起こり得る程度を超えるメチル水銀のばく露を受けた可能性があり、かつ、四肢末梢優位の感覚障害を有する者及び全身性の感覚障害を有する者その他の四肢末梢優位の感覚障害を有する者に準じる者」と定めるが、その具体的な取扱いについては今後政府が作成する方針に委ねた。

このような定義でメチル水銀曝露を受けた被害者をすべてカバーできるかは疑わしい。胎児性患者を含め感覚障害について明確な所見がとれない被害者をどう扱うのか、また感覚障害に変動のみられる被害者をどう扱うのかも問題である。特措法の目的が現行の認定基準では認定されない被害者を広く救済することにある以上、基本的には、メチル水銀曝露の事実があり、〈水俣病〉にみられる症状を一つでも有する者は広く救済すべきである。

前述のように、公式確認から五〇年以上経つのに〈水俣病〉被害の全容は依然として明らかではない。その責任は、これまで汚染地域の環境調査と健康調査を怠ってきた行政にあることはいうまでもない。なかでも魚介類の汚染がいつまで継続したかという問題と魚の行商ルートを通じて山間部を含むどれだけ広い範囲に汚染が及んだかという問題はとくに重要である。

原因企業として補償責任を負うべきチッソは遠からず消滅する運命にあり、チッソとともに被害者に対する補償責任も消滅する。このような倒産処理によって〈水俣病〉被害者の正当な権利が保護されず、その生存さえ危うくされるとすれば、憲法第一三条が保障する生命・自由・幸福追求権が侵害されることになる。

6 特措法の評価と今後に及ぼす影響

新会社を設立し、そこに全事業を移した後、原因企業チッソを清算する。これがチッソ再生計画の眼目である。この計画は、この一〇年来、チッソがひそかに準備しその実現の機会をねらっていたものであるが、今般の未認定被害者の救済問題に乗じて、チッソはほぼ満額の回答を手に入れたことになる。特措法上、チッソは数々の税の優遇措置（第三〇～三二条）を含めて破格の待遇を与えられている。それを正当化する理由は、チッソが〈水俣病〉の補償責任を負う原因企業であるということ以外には考えられない。

一方、チッソの再生計画は、〈水俣病〉被害者の犠牲のうえに成り立つ計画であることを看過してはならない。チッソは近い将来消滅することになるが、この計画では、その存続期間中でも補償責任を全うできるという保証はない。そして、チッソが消滅すれば、その補償責任もまた消滅するのである。しかし、チッソの消滅後も、潜在患者を含めて補償・救済を必要とする被害者が存在しつづけることは疑いない。これらの被害者が特措法の違憲無効を主張して新会社に対して補償を請求する可能性も否定できないであろう。「水俣病特措法」は、その実体に即してみれば、露骨な「チッソ救済法」という性格をもつ。今後、この法律のうち、分社化に関する規定の施行の凍結、さらにはこの法律の抜本的な改正ないし廃止が大きな問題になるのは必至と思われる。

参考文献

(1)富樫貞夫「水俣病未認定患者の『救済』」水俣病研究会編『水俣病研究一号』葦書房、一九九九年。
(2)富樫貞夫「事件史からみた最高裁判決の限界」『水俣学講義第四集』日本評論社、二〇〇八年。
(3)酒巻政章・花田昌宣「水俣病被害補償にみる企業と国家の責任論」『水俣学研究序説』藤原書店、二〇〇四年。
(4)永松俊雄『チッソ支援の政策学』成文堂、二〇〇七年。
(5)馬場昇『水俣病にみる国家の犯罪』熊日出版、二〇〇九年。

(「環境と公害」三九巻二号、二〇〇九)

資料

一　見舞金契約書

一九五九年

契約書

新日本窒素肥料株式会社（以下「甲」という）と渡辺栄蔵、中津美芳、竹下武吉、中岡さつき、尾上光義、前田則義（以下「乙」という。但し本契約において乙は別紙添付の水俣病患者発生名簿記載の患者のうち現に生存する者については本人を、既に死亡している者についてはその相続人及び死亡者の父母、配偶者、子をすべて代理するものとする）とは両当事者間に生じた水俣病患者に対する補償問題について、不知火海漁業紛争調停委員会が昭和三十四年十二月二十九日提示した調停案を双方同日受諾して円満妥結したのでここに甲と乙は次のとおり契約を締結する。

第一条　甲は水俣病患者（すでに死亡した者を含む。以下「患者」という）に対する見舞金として次の要領により算出した金額を交付するものとする。

一　すでに死亡した者の場合

㈠　発病の時に成年に達していた者

発病の時から死亡の時までの年数を十万円に乗じて得た金額に弔慰金三十万円及び葬祭料二万円を加算した金額を一時金として支払う。

㈡　発病の時に未成年であった者

発病の時から死亡の時までの年数を三万円に乗じて得た金額に弔慰金三十万円及び葬祭料二万円を加算した金額を一時金として支払う。

二　生存している者の場合

㈠　発病の時に成年に達していた者

(イ)　発病の時から昭和三十四年十二月三十一日までの年数を十万円に乗じて得た金額を一時金として支払う。

(ロ)　昭和三十五年以降は毎年十万円の年金を支払う。
(二)　発病の時に未成年であった者
(イ)　発病時から昭和三十四年十二月三十一日までの間、未成年であった期間についてはその年数を三万円に、成年に達した後の期間についてはその年数を五万円に乗じて得た金額を一時金として支払う。
(ロ)　昭和三十五年以降は成年に達するまでの期間は毎年三万円を、成年に達した後の期間については毎年五万円を年金として支払う。
三　年金の交付を受ける者が死亡した場合
すでに死亡した者の場合に準じ弔慰金及び葬祭料を一時金として支払い、死亡の月を以って年金の交付を打ち切るものとする。
四　年金の一時払いについて
(一)　水俣病患者診査協議会（以下「協議会」という）が症状が安定し、又は軽微であると認定した患者（患者が未成年である場合はその親権者）が年金にかえて一時金の交付を希望する場合は、甲は希望の月をもって年金の交付を打ち切り、一時金として二十万円を支払うものとする。
但し一時金の交付希望申し入れの期間は本契約締結後半年以内とする。
(二)　(一)による一時金の支払いを受けた者は、爾後の見舞金に関する一切の請求権を放棄したものとする。
第二条　甲の乙に対する前条の見舞金の支払は所要の金額を日本赤十字社熊本県支部水俣市地区長に寄託しその配分方を依頼するものとする。
第三条　本契約締結日以降において発生した患者（協議会の認定した者）に対する見舞金については、甲はこの契約の内容に準じて別途交付するものとする。
第四条　甲は将来水俣病が甲の工場排水に起因しないことが決定した場合においては、その月をもって見舞金の交付は打ち切るものとする。

第五条　乙は将来水俣病が甲の工場排水に起因することが決定した場合においても、新たな補償金の要求は一切行なわないものとする。

本契約を証するため本書二通を作成し、甲、乙、各一通を保有する。

昭和三十四年十二月三十日

甲　新日本窒素肥料株式会社
取締役社長　吉　岡　喜　一
右代理人
新日本窒素肥料株式会社水俣工場
工場長　西　田　栄　一

乙
渡　辺　栄　蔵
中　津　美　芳
竹　下　武　吉
中　岡　さつき
尾　上　光　義
前　田　則　義

覚　書

新日本窒素肥料株式会社（以下「甲」という）及び渡辺栄蔵、中津美芳、竹下武吉、中岡さつき、尾上光義、前田則義（以下「乙」という）は昭和三十四年十二月三十日付水俣病患者補償問題に関する契約（以下「原契約」という）に付随して次の覚書を交換する。

記

一　原契約における見舞金の算出等の一切の基礎は原契約書添付の水俣病患者発生名簿による。

二　原契約第一条の見舞金には患者の近親者（父母、配偶者、子）に対する慰藉料も含むものとする。

三　原契約書第一条の見舞金の支払期日は次の通りとする。

㈠　同条一及び二に定める一時金については、原契約締結の日から三日以内に支払う。

㈡　同条二に定める年金についてはこれを四回に均等分割し、毎年三月、六月、九月及び十二月の各月末日に支払うものとする。

㈢　同条三及び四に定める一時金については、甲が乙から当該患者の死亡診断書を添えた死亡通知又は協議会の認定書を添えた一時金交付申入れを受けた日から十日以内に支払う。

四　原契約書第一条の年数等の計算については次の通りとする。

㈠　昭和三十四年十二月三十一日以前の見舞金の算出に当っては、発病の時から死亡の時まで又は発病から昭和三十四年十二月三十一日までの年、月、日数を求め、半年に充たない期間は半年に、半年を超え一年に充たない期間は一年に切り上げて計算するものとする。

㈡　昭和三十四年十二月三十一日以前に未成年より成年に達した者については、前号の計算年数を超えない範囲で未成年期間と成年期間に分割計算するものとし、成年に達した日の属する半年は成年の半年として計算する。

五　年金の計算にあたっては、月割計算とし成年に達した月は成年の月として計算する。

六　乙は甲に対して原契約締結の日に原契約並びに本覚書締結に関する患者（既に死亡している者についてはその相続人又はその代理人）及び死亡している患者の近親者（父母、配偶者、子）の乙宛委任状を交付するものとする。

七　前項の期日に委任状を提出することができない者については、乙は甲に対し原契約並びに本覚書締結後速やかに乙が前項の患者及び近親者の代理人として締結した本契約並びに覚書を追認する旨の書面及び当該患者の戸籍謄本を差出さなければならない。

本覚書二通を作成し甲、乙各一通を保有する。

昭和三十四年十二月三十日

甲　新日本窒素肥料株式会社
　　取締役社長　吉　岡　喜　一

右代理人
新日本窒素肥料株式会社水俣工場
　　工場長　西　田　栄　一

乙
　　渡　辺　栄　蔵
　　中　津　美　芳
　　竹　下　武　吉
　　中　岡　さつき
　　尾　上　光　義
　　前　田　則　義

了解事項

新日本窒素肥料株式会社（以下「甲」という）と渡辺栄蔵、中津美芳、竹下武吉、中岡さつき、尾上光義、前田則義（以下「乙」という）は昭和三十四年十二月三十日付水俣病患者補償問題に関する契約ならびに覚書に附随して次の事項を了解したことを確認する。

記

将来物価の著しい変動を生じた場合は、甲、乙何れかの申入れにより双方協議の上年金額の改訂を行うことができる。

本了解事項を証するため本書二通を作成し甲、乙各一通を保有する。

昭和三十四年十二月三十日

甲　新日本窒素肥料株式会社水俣工場
工場長　西　田　栄　一

乙
渡　辺　栄　蔵
中　津　美　芳
竹　下　武　吉
中　岡　さつき
尾　上　光　義
前　田　則　義

二　環境庁事務次官通知

一九七一年

昭和四六年八月七日
熊本県衛生部長殿

環境庁事務次官

公害に係る健康被害の救済に関する特別措置法の認定について（通知）

公害に係る健康被害の救済に関する特別措置法（以下「法」という）は、昭和四十四年十二月十五日公布施行（医療費等の支給に関する規定については、昭和四十五年二月一日施行）されたところであり、公害の影響による疾病に罹患している者の救済にあたって相当の効果をあげていることは周知のとおりであるが、法第三条の規定に基づき都道府県知事等が行なう認定処分については、昨年来いくつかの疑義が呈せられ、種々論議されたところである。

本法は、公害に係る健康被害の迅速な救済を目的としているものであるが、従来、法の趣旨の徹底、運用指導に欠けるところのあったことは当職の深く遺憾とするところであり、水俣病認定申請棄却処分に係る審査請求に対する裁決に際しあらためて法の趣旨とするところを明らかにし、もって健康被害救済制度の円滑な運用を期するものである。

法の運用の適否は公害対策の推進に影響するところが多大であるので、次の事項に十分留意するとともに、別添で示す前記裁決書の趣旨を参考とし、法に基づく認定に係る迅速な処分を行なうべく努められたい。

なお、関係公害被害者認定審査会委員各位に対し、この旨を周知徹底されたい。

記

第一　水俣病の認定の要件

(1)　水俣病は、魚介類に蓄積された有機水銀を経口摂取することにより起る神経系疾患であって、次のような症状を呈するものであること。

(イ)　後天性水俣病

四肢末端、口囲のしびれ感にはじまり、言語障害、歩行障害、求心性視野狭窄、難聴などをきたすこと。また、精神障害、振戦、痙攣その他の不随意運動、筋強直などをきたす例もあること。

主要症状は求心性視野狭窄、運動失調(言語障害、歩行障害を含む)、難聴、知覚障害であること。

(ロ)　胎児性または先天性水俣病

知能発育遅延、言語発育遅延、言語発育障害、咀嚼嚥下障害、運動機能の発育遅延、協調運動障害、流涎などの脳性小児マヒ様の症状であること。

(2)　上記(1)の症状のうちいずれかの症状がある場合において、当該症状のすべてが明らかに他の原因によるものであると認められる場合には水俣病の範囲に含まないが、当該症状の発現または経過に関し魚介類に蓄積された有機水銀の経口摂取の影響が認められる場合には、他の原因がある場合であっても、これを水俣病の範囲に含むものであること。

なお、この場合において「影響」とは、当該症状の発現または経過に、経口摂取した有機水銀が原因の全部または一部として関与していることをいうものであること。

(3)　(2)に関し、認定申請人の示す現在の臨床症状、既往症、その者の生活史および家族における同種疾患の有無等から判断して、当該症状が経口摂取した有機水銀の影響によるものであることを否定し得ない場合においては、法の趣旨に照らし、これを当該影響が認められる場合に含むものであること。

(4)　法第三条の規定に基づく認定に係る処分に関し、都道府県知事等は、関係公害被害者認定審査会の意見において、認定申請人の当該申請に係る水俣病が、当該指定地域に係る水質汚濁の影響によるものであると認められている場合はもちろん、認定申請人の現在に至るまでの生活史、その他当該疾病についての疫学的資料等から判断して当該地域に係る水質汚濁の影響によるものであることを否定し得ない場合においては、その者の水俣病は、当該影響によるものであると認め、すみやかに認定を行なうこと。

第二　軽症の認定申請人の認定

都道府県知事等は、認定に際し、認定申請人の当該認定に係る疾病が医療を要するものであればその症状の軽重を考慮する必要はなく、もっぱら当該疾病が当該指定地域に係る大気の汚染または水質の汚濁の影響によるものであるか否かの事実を判断すれば足りること。

第三　すでに認定申請棄却処分を受けた者の取扱い

都道府県知事等は、認定申請に係る疾病が、当該指定地域に係る大気の汚染または水質の汚濁の影響によるものではない旨の処分を受けた認定申請人について、上記の趣旨に照らし、あらためて審査の必要があると認められる場合には、当該原処分を取り消し、関係公害被害者認定審査会の意見をきいて、当該認定申請に係る処分を行なうこと。

第四　民事上の損害賠償との関係

法は、すでに昭和四十五年一月二十六日厚生事務次官通達において示されているように、現段階においては因果関係の立証や故意過失の有無の判定等の点で困難な問題が多いという公害問題の特殊性にかんがみ、当面の応急措置として緊急に救済を要する健康被害に対し特別の行政上の救済措置を講ずることを目的として制定されたものであり、法第三条の規定に基づいて都道府県知事等が行なった認定に係る行政処分は、ただちに当該認定に係る指定疾病の原因者の民事上の損害賠償責任の有無を確定するものではないこと。

三　水俣病補償協定書

一九七三年

協定書

水俣病患者東京本社交渉団とチッソ株式会社とは、水俣病患者、家族に対する補償などの解決にあたり、次のとおり協定する。

前文

一、チッソ株式会社は、水俣工場で有害物質を含む排水を流し続け、廃棄物の処理を怠り、広く対岸の天草を含む水俣周辺海域を汚染してきた。その結果、悲惨な「水俣病」を発生させ、人間破壊をもたらした事実を率直に認める。

二、昭和三十一年の水俣病公式発見後も、被害の拡大防止、原因究明、被害者救済等々、充分な対策を行なわなかったため、いよいよ被害を拡大させることとなったこと、及び原因物質が確認されるに至っても、更に問題が社会化するに及んでも、解決に遺憾な態度をとってきた経過について、チッソ株式会社は心から反省する。

三、貧窮にあえぐ患者及びその家族の水俣病に罹患したこと自体による苦しみ、チッソ株式会社の態度による苦痛、加えて種々の屈辱、地域社会からの差別等により受けた苦しみに対して、チッソ株式会社は心から陳謝する。

チッソ株式会社は、責任回避の態度や、解決を長びかせたことにより社会に多大の迷惑をかけたことに対し、第三の水俣病問題で全国民が不安の状態にある今日、あらためて社会に対し心から謝罪する。

四、熊本地方裁判所は、水俣病はチッソ株式会社の工場排水に起因したものであり、かつ、チッソ株式会社に過失責任ありとして原告の請求を全面的に認める判決を行なった。チッソ株式会社は、この判決に全面的に服し、その内容のすべてを誠実に履行する。

五、見舞金契約の締結等により水俣病が終ったとされてからは、チッソ株式会社は水俣市とその周辺はもとより、不知火海全域に患者がいることを認識せず、患者の発見のための努力を怠り、現在に至るも水俣病の被害の深さ、広さは究めつくされていないという事態をもたらした。チッソ株式会社は、これら滞在患者に対する責任を痛感し、これら患者の発見に努め、患者の救済に全力をあげることを約束する。

六、チッソ株式会社は、過ちを再びくりかえさないため、今後、公害を絶対に発生させないことを確約するとともに、関係資料等の提示を行ない、住民の不安を常に解消する。現在汚染されている水俣周辺海域の浄化対策について、関係官庁、地方自治体とともに、具体的方策の早期実現に努める。また、チッソ株式会社は、関係地方公共団体と公害防止協定を早急に締結する。

七、チッソ株式会社は、水俣病患者の治療及び訓練、社会復帰、職業あっせんその他の患者、家族福祉の増進について実情に即した具体的方策を誠意をもって早急に講ずる。

八、チッソ株式会社は、水俣病患者東京本社交渉団と交渉を続けてきたが、事態を紛糾せしめ、今日まで解決が遅延したことについて患者に遺憾の意を表する。

本文

一、チッソ株式会社は、以上前文の事柄を踏まえ、以下の事項を確約する。

(1) 本協定の履行を通じ、全患者の過去、現在及び将来にわたる被害を償い続け、将来の健康と生活を保障することにつき最善の努力を払う。

(2) 今後いっさい水域及び環境を汚染しない。また、過去の汚染については責任をもって浄化する。

(3) 昭和四十八年三月二十二日、水俣病患者東京本社交渉団ととりかわした誓約書は忠実に履行する。

二、チッソ株式会社は、以上の確認にのっとり以下の協定内容について誠実に履行する。

三、本協定内容は、協定締結以降確認された患者についても希望する者には適用する。

四、以下の協定内容の範囲外の事態が生起した場合は、あらためて交渉するものとする。
五、水俣病患者東京本社交渉団は、本協定の締結と同時に、チッソ東京本社前及び水俣工場前のテントを撤去し、坐り込みをとく。

協定内容

チッソ株式会社は患者に対し、次の協定事項を実施する。
一、患者本人及び近親者の慰謝料
1　患者本人分には次の区分の額を支払う。
現在までの水俣病による(その余病若しくは併発症または水俣病に関係した事故による場合を含む)
死亡者及びAランク　一、八〇〇万円
Bランク　一、七〇〇万円
Cランク　一、六〇〇万円
2　この慰謝料には認定の効力発生日(昭和四十四年七月十四日以前に認定を受け、または認定の申請をした者については同日)より支払日までの期間について年五分の利子を加える。
3　このランク付けは、環境庁長官及び熊本県知事が協議して選定した委員により構成される委員会の定めるところによる。
4　近親者分は前記死亡者及びA、Bランクの患者の近親者を対象として支払う。近親者の範囲及びその受くべき金額は昭和四十八年三月二十日の熊本地裁判決にならい3の委員会が決定するものとする。
二、治療費
公害に係る健康被害の救済に関する特別措置法(以下「救済法」という)に定める医療費及び医療手当(公害健康被害補償法が成立施行された場合は、当該制度における前記医療費及び医療手当に相当する給付の額)に相当する額を支払う。

三、介護費

救済法に定める介護手当(公害健康被害補償法が成立施行された場合は当該制度における前記介護手当に相当する給付の額)に相当する額を支払う。なお、同法が実施に移されるまでの間は救済法に基づく介護手当に月一万円の加算を行なう。

四、終身特別調整手当

1 次の手当の額を支払う。なお、このランク付けは一の3の委員会の定めるところによる。

Aランク　一月あたり　六万円

Bランク　〃　三万円

Cランク　〃　二万円

2 実施時期は昭和四十八年四月二十七日を起点として毎月支払う。ただし、昭和四十六年八月以前の認定患者は昭和四十八年四月一日を起点とし、また、昭和四十八年四月二十八日以降の認定患者は認定日を起点とする。

3 手当の額の改定は、物価変動に応じて昭和四十八年六月一日から起算して二年目ごとに改定する。ただし、その間、物価変動が著しい場合にあっては一年目に改定する。物価変動は熊本市年度消費者物価指数による。

五、葬祭料

1 葬祭料の額は生存者死亡のとき相続人に対し、金二十万円を一時金として支払う。

2 葬祭料の額は物価変動に応じ、昭和四十八年六月一日から起算して二年目ごとに改定する。ただし、その間、物価変動が著しい場合にあっては一年目に改定する。物価変動は熊本市年度消費者物価指数による。

六、ランク付けの変更

1 生存患者の症状に上位のランクに該当するような変化が生じたときは一の3の委員会にランク付けの変更の申請をすることができる。

2　ランクが変更された場合、慰謝料の本人分及び近親者分並びに終身特別調整手当の差額を申請時から支払う。ただし、近親者分慰謝料については一の4にならい前記委員会が決定する。

3　水俣病により（その余病若しくは併発症又は水俣病に関係した事故による場合を含む）死亡したときは、慰謝料の本人分及び近親者分の差額を支払う。この場合、死因の判定その他必要な事項は前記委員会が決定する。

七、患者医療生活保障基金の設定

チッソ株式会社は全患者を対象として患者の医療生活保障のための基金三億円を設定する。

1　基金の運営は熊本県知事、水俣市長、患者代表及びチッソ株式会社代表者で構成する運営委員会により行なう。

同委員会の委員長は熊本県知事とする。

2　基金の管理は日本赤十字社に委託する。

3　基金の果実は次の費用に充てる。

(1)　おむつ手当　　一人　月一万円

(2)　介添手当　　一人　月一万円

(3)　患者死亡の場合の香典　　十万円

(4)　胎児性患者就学援助費、患者の健康維持のための温泉治療費、鍼灸治療費、マッサージ治療費、通院のための交通費

(5)　その他必要な費用

4　患者の増加等により基金に不足を生じたときは、運営委員長の申出により基金を増額する。

八、効力発生日

本協定は昭和四十八年七月九日より効力を発生する。

本協定成立の証として本書七通を作成し、両当事者ならびに立会人は、各その一通を保有する。

昭和四十八年七月九日

水俣病患者東京本社交渉団

団　長　　田上義春

チッソ株式会社

取締役社長　島田賢一

専務取締役　野口　朗

立会人

衆議院議員　三木武夫

衆議院議員　馬場　昇

熊本県知事　沢田一精

水俣病市民会議会長　日吉フミコ

四 〈水俣病〉の判断条件

一九七七年

後天性水俣病の判断条件について

一九七七年七月一日

環境庁企画調整局環境保健部長通知

近年、水俣病の認定申請者の症候につき水俣病の判断が困難である事例が増加してきたこともあって、当庁においては、医学的知見の進展を踏まえ、昭和五十年六月以降医学の関係各分野の専門家による検討を進めてきたところであり、今般、その成果を下記のとおり後天性水俣病の判断条件としてとりまとめたので、了知のうえ今後の認定業務の推進にあたり参考とされたい。

記

1　水俣病は、魚介類に蓄積された有機水銀を経口摂取することにより起る神経系疾患であって、次のような症候を呈するものであること。

四肢末端の感覚障害に始まり、運動失調、平衡機能障害、求心性視野狭窄、歩行障害、構音障害、筋力低下、振戦、眼球運動異常、聴力障害などをきたすこと。また、味覚障害、嗅覚障害、精神症状などをきたす例もあること。

これらの症候と水俣病との関連を検討するに当たって考慮すべき事項は次のとおりであること。

(1)　水俣病にみられる症候の組合せの中に共通してみられる症候は、四肢末端ほど強い両側性感覚障害であり、時に口のまわりまでも出現するものであること。

(2) (1)の感覚障害に合わせてよくみられる症候は、主として小脳性と考えられる運動失調であること。また小脳、脳幹障害によると考えられる平衡機能障害も多くみられる症候であること。
(3) 両側性の求心性視野狭窄は、比較的重要な症候と考えられること。
(4) 歩行障害及び構音障害は、水俣病による場合には小脳障害を示す他の症候を伴うものであること。
(5) 筋力低下、振戦、眼球の滑動性追従運動異常、中枢性聴力障害、精神症状などの症候は、(1)の症候及び(2)又は(3)の症候がみられる場合にはそれらの症候と合わせて考慮される症候であること。

2 1に掲げた症候は、それぞれ単独では一般に非特異的であると考えられるので、水俣病であることを判断するに当たっては、高度の学識と豊富な経験に基づき総合的に検討する必要があるが、次の(1)に掲げる曝露歴を有する者であって、次の(2)に掲げる症候の組合せのあるものについては、通常、その者の症候は、水俣病の範囲に含めて考えられるものであること。

(1) 魚介類に蓄積された有機水銀に対する曝露歴
なお、認定申請者の有機水銀に対する曝露状況を判断するに当たっては、次のアからエまでの事項に留意すること。
ア 体内の有機水銀濃度(汚染当時の頭髪、血液、尿、臍《さい》帯などにおける濃度)
イ 有機水銀に汚染された魚介類の摂取状況(魚介類の種類、量、摂取時期など)
ウ 居住歴、家族歴及び職業歴
エ 発病の時期及び経過

(2) 次のいずれかに該当する症候の組合せ
ア 感覚障害があり、かつ、運動失調が認められること。
イ 感覚障害があり、運動失調が疑われ、かつ、平衡機能障害あるいは両側性の求心性視野狭窄が認められること。

ウ　感覚障害があり、両側性の求心性視野狭窄が認められ、かつ、中枢性障害を示す他の眼科又は耳鼻科の症候が認められること。

エ　感覚障害があり、運動失調が疑われ、かつ、その他の症候の組合せがあることから、有機水銀の影響によるものと判断される場合であること。

3　他疾患との鑑別を行うに当たっては、認定申請者に他疾患の症候のほかに水俣病にみられる症候の組合せが認められる場合は、水俣病と判断することが妥当であること。また、認定申請者の症候が他疾患によるものと医学的に判断される場合には、水俣病の範囲に含まないものであること。なお、認定申請者の症候が他疾患の症候でもあり、また、水俣病にみられる症候の組合せとも一致する場合は、個々の事例について曝露状況などを慎重に検討のうえ判断すべきであること。

4　認定申請後、審査に必要な検診が未了のうち死亡し、剖検も実施されなかった場合などは、水俣病であるか否かの判断が困難であるが、それらの場合も曝露状況、既往歴、現疾患の経過及びその他の臨床医学的知見についての資料を広く集めることとし、総合的な判断を行うこと。

五　椿忠雄氏への公開書簡

一九八六年

認定は診断ではない――椿忠雄氏への公開書簡

法律雑誌として著名な「ジュリスト」一九八六年八月一―十五日号に掲載された鼎談「医学と裁判――水俣病の因果関係認定をめぐって」を興味深く拝見いたしました。

そこで、先生は、法律学者である加藤一郎・森島昭夫両氏を相手に、水俣病の認定問題について注目すべき発言をしておられます。これまで水俣病認定に関わった医学者でこれほど率直に、その本音や心情を語った人はおりません。それだけでも大変意義のあることであり、先生の真摯な発言に心から敬意を表する次第です。

このたびの先生の発言に接して、水俣病認定基準の成り立ちやその背景などについてこれまで私たちの理解の届かなかった部分がかなり明らかになったように思われます。しかし、同時に、認定問題に対する先生の考え方については根本的な疑問をも感じざるを得ませんでした。

以下では、先生の率直な発言に対して、私も率直に疑問とする点を申し述べてみたく存じます。

一、まず、先生は、自分は医師だから、患者の治療ということを中心にものを考えている、といわれます。そして、患者は病気を治したいのであって、金がほしいといっているのではないはずだ、といわれます。さらに、医学的にみて水俣病とは明らかに違う人が「周囲の力」によって自分が水俣病と思い込んでしまうことほど不幸なことはない、とまでいわれます。

一方、先生は、一九七七年の「判断条件」は診断基準であると考えておられます。つまり、補償ということは考えないで、正しい医学的診断レベルを判断する条件を示したものと理解しておられます。

しかし、救済法や補償法に基づく水俣病認定制度は、そもそも患者の治療を目的とした制度ではありません。たとえば、補償法上の認定は、補償給付を行うための前提手続として位置づけられており、それ以外のものではありません。しかも、水俣病においては、一九七三年に成立した補償協定に基づき、「認定」患者に対して補償金を支払うということになっているため、補償の対象となる患者を決定するために補償法上の認定制度を利用しているにすぎません。このことは、先生もすでに十分ご承知のことではないでしょうか。

そうしますと、患者の治療を目的としていない認定制度のもとでは、治療を前提とした診断基準はそもそも問題となり得ないのではないでしょうか。先生は、診断基準すなわち認定基準と考えておられるようですが、両者は区別して考えるべきものでしょう。

二、先生を含めて、認定制度に関わる医師は、患者に対して大変疑い深い態度をもって臨んでおられます。認定申請をする患者のなかには嘘をつく者がいるといわんばかりの態度です。残念ながら、先生もその例外ではありません。たとえば、先生は、感覚障害というものは自覚的なものだから、患者が感覚が鈍いといえば、それが嘘だと見抜かない限り、そのまま信用するしかないし、ここに問題がある、といわれます。そのため、感覚障害だけの所見で水俣病と認定するのは問題だと考えておられるのではないでしょうか。先生が、水俣病と認定するためには、通常、感覚障害のほかに少なくともあと一つの症候、たとえば運動失調の所見が必要だと強調されるのは、それをいわば補強証拠として求めておられるのではないでしょうか。運動失調があれば、感覚障害の所見も信用できるというふうに。

先生を始めとして、水俣病認定に関わる医師たちは、なぜこれほどまでに患者を疑ってかかるのでしょうか。私には、どうしても理解できない点です。たとえば、治療を目的とした日常の診療現場で、医師はこんなにも患者を疑ってかかるものなのでしょうか。私は、これまで一人の患者として病院を訪れて、そのような経験をしたことがありません。むしろ、患者の訴える自覚症状は、医師にそのまま素直に受けとられるのがふつうです。

三、先生は、損害賠償という意味での救済は、科学の範囲を越える問題であり、だれを救済すべきかを医学的に決めることはできない、と明言されます。たしかに補償問題は、社会的・法的な問題であって、医学の問題ではありません。補償協定に基づいて、だれが水俣病の被害者として補償金を受領する資格があるかは、法的には個別的因果関係の問題であり、つまるところは法的評価の問題にほかなりません。その意味で、先生の発言はもっともな発言です。

水俣病認定とは、さきほども述べましたように、補償協定に則り、補償対象者を決定することを意味しており、それが現在のところ認定のもつ唯一の機能です。しかも、そこでは、審査会委員たる医師が決定的な役割を演じております。これは、いったいどういうことでしょうか。補償問題という少なくとも医学だけでは判断できない問題について、医師が社会的な線引きの作業をしていることにならないでしょうか。それとも、患者の治療をまったく予定していない認定制度のもとで、治療を前提とした診断基準を適用して、認定申請者を医学的に診断しているのだとでもおっしゃるのでしょうか。もしそういわれるのであれば、先生を始めとして水俣病の医学専門家は、認定問題の何たるかをまったく理解できていないということになりましょう。

ちなみに、先生は、医師の良心ということを大変強調されます。そのこと自体は、私自身もまったく同感です。ただ、認定問題における医師の役割は社会的な性格のものであり、そうした役割について認識を欠く医師が、みずからの社会的役割に対して主体的な責任を負い得るとは思えません。そして、この点こそ、一人の医師として個々の認定申請者をいかに「良心的」に診断するかという問題以上に医師のモラルの根幹に関わる大事ではないでしょうか。先生自身の良心のはかりに照らしてご一考いただけますならば幸いです。

末筆ながら、先生のご自愛をお祈り申しあげます。

敬具

一九八六年九月二十七日

「ジュリスト」誌上の椿発言（抜粋）

椿　一〇〇%これであるかこれでないかという医学的診断は、どんな病気でもなかなかできないのです。これは当然のことであります。たとえば、多分違うだろうけれども、その病気の可能性は完全に否定できないというような例は、どうやっても消し去ることができないのです。しかし、私たちの日常の診療においては、そういうことがあっても構わないのです。どういう治療をやればいいのかということさえ確実であれば、原因や病名は一〇〇％わからなくてもよろしいと思います。

その考え方は、私だけでなく医学のような応用科学の領域では常にしているはずですし、むしろ一〇〇％で物をいうという科学者は非科学的な人であり、常に相対的な考えをして、確実性を少しでも高めるという立場が正しいでしょう。

そこで私は三つぐらいの段階に考えてみたわけです。第一に、確実な症例を集めて、確実な症例についての治療を研究するといったような場合には、当然診断は厳しくなければなりません。しかし、第二に、ある地域に、ある病気が多いか少ないかということを比較する場合には、全部確実でなくてもいいわけです。大部分が確実であればいいので、それよりも広い診断ができます。しかし、そうすれば、多少違う病気が入ってきてしまう危険性を認容しなければなりません。

それから、第三に、患者救済をする場合の診断はどうするかということですが、これが現在問題になっているわけです。何とか医学でこれを解決できないかと考えたこともありますが、これは社会的要因によることが多く、科学の範囲を越えるものと思います。無限に広がっていく可能性のあるものを医学的に線を引くことは困難です。しかし医学を離れて社会的に、または法的にきめられるものでもないところに問題のむずかしさがあると思います。

補償判定のための診断というのは、医学的にはさらに困難になるでしょう。

＊　＊　＊

椿　一つの症状だけで病気を診断するということは、医学では殆どないのです。これは医師の常識で、病気を一つの症状で診断できるならば診断学は不要になるでしょう。

水俣病に特徴的な症状ならば、一つの症状で診断するということもまだ理解できます。一番問題になる感覚障害を例にとってみます。感覚障害とただいうだけならば、それは神経病の患者の訴える症状のうち最も多いものの一つで、さらに神経病以外の患者でも訴えられることは稀ではない程です。感覚障害にはその種類はたくさんあるし、その性質、障害の場所、おこり方などの組合せに水俣病ではある程度特徴があるので、それを考えるならばまた意味がありましょう。しかし、それはやはり感覚障害の中での組合せ理論になります。さらに感覚障害というのは、全部自覚的なものです。他覚的検査をする方法もあることはあるのですが、非常に煩わしい方法で検査しなければならないし、何時間もかけて感覚障害を調べなければなりませんので、患者さんが非常に疲れてしまうのです。ですから、それはあまり実際的ではないのです。

では、患者さんが感覚が鈍いということだけを信用すればいいかというと、これも問題があります。言葉をかえれば、それは嘘だということを見抜かない限り信用するほかないということです。医者の検査の方法で、それをある程度見抜くこともできます。

これは医師の熟練度にもよります。しかし、それを見抜くということも、また問題があるのです。しかし、普通われわれは感覚があるから物をつかんだり、正常な行動ができるので、もし感覚障害があれば、そういったことができにくくなるということがあり、それを客観的に観察できればよいのです。そのほか視野狭窄や、大脳性の難聴は客観的に観察できるので、そういったものが何かあればいいということになります。

＊　＊　＊

椿　私は医師でありますから、患者の補償をどうしようとか、そういった問題ではなく、やはり患者さんの病気をどうやったら治せるかということを中心にものを考えていかなければならないだろうと思いますし、現にそうしているわけです。そうすると、私共がみて水俣病とは明らかに違う病気と思う人が周囲の力によって自分が水俣病と思い込んでしまうということは、患者さんにとっては非常に不幸なことなのです。だから私は、それはやはり本当のことを教えてあげて、治したいと思います。しかし、世の中が裁判とか何とかということで今のようになってしまいますと、それが不可能になってくるわけです。そこを私は裁判官も考えていただきたいと思うのです。だから、この人にはいくら金を渡せばいいという問題ではない、もう一つの前の医学の原点まで考えていただきたい、と裁判官にお願いしたいと思います。そうすると、裁判がどういうふうに変わっていくか知りませんけれども、いまのような形にはならないはずだと思うのです。患者さんは、病気を治したいと言っていて、金が欲しいと言っているのではない筈です。それを治らないから金でというところに持って行く前に、もう一度考え直していただきたいと思っています。

（「水俣」一九八六年十月五日）

六　環境省新通知

二〇一四年

環保企発第一四〇三〇七二号
平成二十六年三月七日

熊本県知事　殿
鹿児島県知事　殿
新潟県知事　殿
新潟市長　殿

環境省総合環境政策局環境保健部長

公害健康被害の補償等に関する法律に基づく水俣病の認定における総合的検討について（通知）

平成二十五年四月十六日の水俣病の認定に係る最高裁判決（以下「最高裁判決」という。）においては、公害健康被害の補償等に関する法律（昭和四十八年十月五日法律第百十一号。以下「公健法」という。）に基づく水俣病の認定について、「都道府県知事が行うべき検討は、大気の汚染又は水質の汚濁の影響によるものであるかどうかについて、個々の患者の病状等についての医学的判断のみならず、患者の原因物質に対するばく露歴や生活歴及び種々の疫学的な知見や調査の結果等の十分な考慮をした上で総合的に行われる必要があるというべきであるところ、公健法等にいう水俣病の認定に当たっても、上記と同様に、必要に応じた多角的、総合的な見地からの検討が求められるというべきである。」旨の判示がされ、総合的検討の重要性が指摘された。

「後天性水俣病の判断条件について」（昭和五十二年七月一日付け環保業第二百六十二号環境庁企画調整局環境保健

部長通知。以下「五十二年判断条件」という。)において「水俣病であることを判断するに当たっては、高度の学識と豊富な経験に基づき総合的に検討する必要がある」とされているところ、最高裁判決で総合的検討の重要性が指摘されたことを受け、これまでの認定審査の実務の蓄積等を踏まえ、五十二年判断条件に示された症候の組合せが認められない場合における同条件にいう総合的検討のあり方を整理したので、これに基づき、引き続き認定審査を適切に実施されたい。

記

1　総合的検討の趣旨及び必要性

公健法第四条第二項に定める水俣病の認定は、申請者が水俣病にり患しており、かつそれが指定地域において魚介類に蓄積された有機水銀を経口摂取したために生じたものであると認められるかどうか判断してなされるものである(ここでいう「水俣病」とは、五十二年判断条件及び最高裁判決の中で同様に明記されているとおり、魚介類に蓄積された有機水銀を経口摂取することにより起こる神経系疾患である。)。

ここで、感覚障害や運動失調といった水俣病にみられる個々の症候は、それぞれ単独では一般に非特異的であると考えられ、その一つの症候がみられることのみをもって水俣病である蓋然性が高いと判断するのは困難である。このため、最高裁判決でも判示されたとおり、五十二年判断条件は、水俣病を発症するに至る程度の有機水銀に対するばく露が認識され、かつ、同条件に定める「症候の組合せが認められる場合には、通常水俣病と認められるとして個々の具体的な症候と原因物質との間の個別的な因果関係についてそれ以上の立証の必要がないとする」(最高裁判決)ものである。

一方、五十二年判断条件は、水俣病であることを判断するに当たっては、総合的に検討する必要があるとしており、最高裁判決も、「五十二年判断条件に定める症候の組合せが認められない四肢末端優位の感覚障害のみの水俣病が存在しないという科学的な実証はないところ」とした上で、「五十二年判断条件は、(中略)上記症候の組合せが認められない場合についても、経験則に照らして諸般の事情と関係証拠を総合的に検討した上で、個々の具体的な症候と原因物質との間の個別的な因果関係の有無等に係る個別具体的な判断により水俣病と認定する余地を排除するものとはいえないというべきである。」と判示している。このように、五十二年判断条件に示された症候の組合せが認められない場合についても、同条件に基づき、申請者の有機水銀に対するばく露及び申請者の症候並びに両者の間の個別的な因果関係の有無等を総合的に検討することにより、水俣病と認定しうるものである。

2　総合的検討の内容

申請者の有機水銀に対するばく露及び申請者の症候並びに両者の間の個別的な因果関係の有無等に係る総合的検討の内容としては、個々の申請者の状況に応じて、以下の項目について確認、判断等することが望ましい。

(1)　申請者の有機水銀に対するばく露

申請者の有機水銀に対するばく露については、まず、申請者から、申請者が有機水銀に汚染された魚介類を多食したことにより有機水銀にばく露したとしている時期(以下「ばく露時期」という。)並びに申請者のばく露時期の食生活(摂食した魚介類の種類、量、時期を含む。)及び魚介類の入手方法を確認すること。

そのうえで、これらの事項と以下の①から④に掲げる事項について総合的に勘案することにより、申請者が、指定地域において魚介類に蓄積された有機水銀をどの程度経口摂取し、ばく露したのか、またそれがどの程度確からしいと認められるかを確認すること。

①　申請者の体内の有機水銀濃度

申請者の体内の有機水銀濃度(汚染当時の頭髪、血液、尿、臍帯などにおける濃度)が把握できる場合には、それがどの程度の値かを確認すること。

②　申請者の居住歴(申請者の居住地域の水俣病の発生状況)

申請者がばく露時期に住んでいた地域において、住民数に比してどの程度の数の公健法等に基づく水俣病の認定があったかを確認すること。

③　申請者の家族歴（家族等の水俣病の認定状況）

申請者がばく露時期に同居していた家族等の中に、公健法等に基づく水俣病の被認定者がいるかどうかを確認し、いる場合には、被認定者がどの程度いるか等を確認すること。

④　申請者の職業歴（漁業等への従事歴）

申請者及び申請者がばく露時期に同居していた家族等が、申請者のばく露時期に、漁業等の魚介類を多食することとなりやすい職業に従事していたかどうかを確認し、していた場合には、その内容や期間等を確認すること。

なお、以上の確認に当たっては、「水俣病が発生した地域におけるメチル水銀のばく露レベルと水俣病発症可能性について整理すると、（中略）水俣湾周辺地域では、遅くとも昭和四十四年以降は（阿賀野川流域においては、昭和四十一年以降）、水俣病が発生する可能性のあるレベルの持続的メチル水銀ばく露が存在する状況ではなくなっていると認められる。」（平成三年十一月二十六日中央公害対策審議会答申。以下「平成三年答申」という。）とされていることにも留意すること。

（2）　申請者の症候

①　申請者の関連症候

申請者について、水俣病の関連症候（水俣病が呈する症候として五十二年判断条件に列挙されたもの）を呈しているかどうか、呈している場合には、さらに、当該症候の強さ、発現部位、性状等が、水俣病にみられる症候としての特徴を備えているかどうかを確認すること。その際、例えば、感覚障害については、「水俣病にみられる四肢末端の感覚障害は、典型的には、表在感覚、深部感覚及び複合感覚が低下するものであり、障害が左右対称性で四肢の末端に強く体幹に近づくにつれてしだいに弱くなる、いわゆる手袋靴下型の感覚障害である。」（平成三年答申）とされていることに留意すること。

また、申請者において上記症候が生じたと考えられる時期（以下「発症時期」という。）を確認すること。

② 申請者の一般的医学情報

申請者の年齢、性別、身長、体重、既往歴（疾患の種類、経過、治療を受けている場合には、その内容等。水俣病の関連症候を示すことのある他の疾患へのり患の有無等を含む。）を確認すること。

(3) ばく露と症候の間の因果関係について

申請者の有機水銀に対するばく露と申請者の症候との間の個別的な因果関係の有無等については、以下の①及び②の観点から確認したうえで、ばく露の側面からの蓋然性（(1)で確認されたばく露の程度や確からしさ）と、症候の側面からの蓋然性（(2)で確認された症候、それぞれの強さ、発現部位や性状等が水俣病にみられる症候としての特徴を備えているかどうか）をあわせて総合的に検討して、判断すること。

その際、以下の①及び②の観点から確認されたことを前提として、ばく露の側面からの蓋然性と症候の側面からの蓋然性がともに高い場合には、申請者の有機水銀に対するばく露と申請者の症候との間の個別的な因果関係が認められる蓋然性は、そうでない場合と比べて比較的高くなると考えられるところ、症候の側面からの蓋然性が低い場合には、因果関係が認められる蓋然性を、ばく露の側面からの蓋然性が相当程度高いかどうか及び以下の①及び②の観点から十分に確認し、判断すること。

① 申請者のばく露時期と発症時期の関係

ばく露時期と発症時期の関係については、「ばく露後発症までの期間は、メチル水銀では通常一ヵ月前後、長くとも一年程度までであると考えられている。」（平成三年答申）ところであり、発症時期がばく露後一か月から一年程度であれば、申請者の有機水銀に対するばく露と申請者の症候との間の個別的な因果関係が認められる蓋然性が高いと判断して差し支えない。一方、「ばく露が停止してから症状が把握されるまで数年を超えない範囲で更に長期間を要した臨床例が報告されている」（平成三年答申）ことにも留意すること。

② 他原因との比較評価

水俣病の関連症候は、それぞれ単独では一般に非特異的であることから、申請者の症候が有機水銀に対するばく露に起因する蓋然性を、(2)②により把握された申請者の一般的医学情報も用いて、それ以外の疾患等による蓋然性と比較して評価すること。

3　総合的検討における資料の確認のあり方

(1)　ばく露等に関する資料の確認のあり方

2(2)に掲げた事項は、主治医の診断書及び公的検診の結果等により確認されるものであるところ、2(1)及び(3)に掲げた事項についても、できる限り客観的資料により裏付けされる必要があること。ばく露に関する客観的資料としては、漁業許可証等の公的な文書はもとより、種々の疫学的な知見や調査の結果等についても、それが適切な手法によって得られたものであって、かつ、申請者のばく露時期や申請者がばく露時期に住んでいた地域等に係る個別具体的な情報が記録されており、申請者の有機水銀に対するばく露を直接推し量ることができると認められるものであれば、客観的資料として取り扱うことができること。

(2)　未検診死亡者に係る臨床医学的知見についての資料の確認のあり方

認定申請後、審査に必要な検診が未了のまま申請者が死亡し、かつ剖検も実施されなかった場合には、五十二年判断条件にあるとおり、「ばく露状況、既往歴、現疾患の経過及びその他の臨床医学的知見についての資料を広く集め」、総合的な検討を行う必要がある。

この場合、臨床医学的知見についての資料については、申請時に提出された診断書を作成した医師が所属する医療機関その他の申請者の受診歴のある医療機関から診療録等の資料の提供を受けて、それらの資料が、申請者が水俣病である蓋然性が高いかどうかの判断に資するものかどうかを以下の観点から確認し、それらを基に、より慎重に総合的検討を行うこと。

・医師が、主治医として申請者を一定期間継続的に診療する過程で作成したものであること。

・2(2)に掲げる申請者の症候に係る事項が確認できるに足りるだけの診察等の方法がとられ、かつその結果が十分に分析されたものであり、それが正確に読み取ることができること。

複数の医療機関から資料の提供が得られた場合には、それぞれの臨床所見や検査結果についての上記の観点からの確認に加えて、それらの資料の相互の関係にも留意して、総合的検討を行うこと。

4 留意事項

・これまで各県市において水俣病の認定に当たり五十二年判断条件に基づかない認定審査が行われてきたと捉えるべき特段の事情はなく、過去に行った処分について再度審査する必要はないこと。

・今後、各県市において、本通知に沿って認定審査の事務を行っていく中で、本通知の解釈に係る疑義が生じた場合には、適宜環境省に照会されたいこと。

参考文献

熊本大学医学部水俣病研究班『水俣病―有機水銀中毒に関する研究』一九六六
武谷三男編『安全性の考え方』一九六七、岩波書店
富田八郎(宇井純)『水俣病』一九六九、水俣病を告発する会
水俣病研究会『水俣病にたいする企業の責任―チッソの不法行為』一九七〇、水俣病を告発する会
原田正純『水俣病』一九七二、岩波書店
熊本大学医学部一〇年後の水俣病研究班『一〇年後の水俣病に関する疫学的、臨床医学的ならびに病理学的研究』一九七二―七三
有馬澄雄編『水俣病―二〇年の研究と今日の課題』一九六九、青林舎
富樫貞夫『水俣病事件と法』一九九五、石風社
水俣病研究会編『水俣病事件資料集上・下巻』一九九六、葦書房
水俣病研究会編「水俣病研究」一九九九―二〇〇六、第一―二号、葦書房、第三―四号、弦書房
岡本達明・西村肇『水俣病の科学』二〇〇一、増補版二〇〇六、日本評論社
津田俊秀『医学者は公害事件で何をしてきたのか』二〇〇四、岩波書店
津田俊秀『医学的根拠とは何か』二〇一三、岩波書店
岡本達明『水俣病の民衆史』全六巻、二〇一五、日本評論社
入口紀男『聖バーソロミュー病院一八六五年の症候群―有機水銀中毒症の発生は日本でも一九三二年には予見可能であった』二〇一六、自由塾

あとがき

本書は〈水俣病〉事件をめぐる多くの人たちとの出会いの産物である。

本書の主要な部分は、「まえがき」にも記したように、熊本大学学術資料調査研究推進室主催のセミナーで話した内容であり、その録音を原稿化したものである。セミナーの開催にあたっては、推進室の幹事役を務める慶田勝彦氏（文化人類学）とその研究室スタッフに全面的な協力をいただいた。また、同じ推進室の委員でもある牧野厚史氏（社会学）には、セミナーの広報や司会の労を引き受けていただいた。ここに記して心から感謝の意を表する。

また、本書の刊行にあたってその編集企画を立案し、校正の労まで引き受けてくれた有馬澄雄氏は、一九六九年の水俣病研究会発足以来のメンバーであり、現在では数少ない〈水俣病〉事件研究者の一人といってよいであろう。その労に感謝したい。

本書は、弦書房から出版される。その社主である小野静男氏は、かつて水俣病研究会が刊行した『水俣病事件資料集（上・下巻）』（一九六九・葦書房）の編集を担当してくれた方である。この出会いにも感謝したいと思う。

なお、本書の刊行にあたって科学研究費（研究課題番号26580148および16H01970、研究代表者・慶田勝彦）から出版費用の助成を受けたことを附記する。

二〇一七年八月

富樫貞夫

著者略歴

富樫貞夫（とがし・さだお）
一九三四年生まれ。山形県高畠町出身。
東北大学法学部卒業後、同大学助手。
熊本大学法文学部講師を経て同大学法学部教授。
現在、熊本大学名誉教授、同大学学術資料調査研究推進室委員。
水俣病研究会代表、一般財団法人水俣病センター相思社理事長。
著書『水俣病事件と法』（一九九七、石風社）
編著『水俣病にたいする企業の責任—チッソの不法行為』（一九七〇、水俣病を告発する会）
『水俣病事件資料集上・下巻』（一九九六、葦書房）。

〈水俣病〉事件の61年
——未解明の現実を見すえて

二〇一七年十一月三十日発行

著　者　富樫貞夫
発行者　小野静男
発行所　株式会社　弦書房
〒810-0041
福岡市中央区大名二—二—四三
ELK大名ビル三〇一
電　話　〇九二・七二六・九八八五
ＦＡＸ　〇九二・七二六・九八八六

印刷・製本　シナノ書籍印刷株式会社

落丁・乱丁の本はお取り替えします。

ISBN978-4-86329-161-4 C0036